大矢　勝

環境情報学

地球環境時代の情報リテラシー

大学教育出版

はじめに

　日本で「地球環境」という用語が頻出するようになったのは1990年代はじめからである。その後、マスコミや学校教育などを通じて地球環境に危機が迫っている状況が広く伝えられてきたため、現在では大多数の人々が地球環境問題を認識するようになった。車両や家電品などの商品の性能として省エネが重視すべき項目として定着するようになり、また各自治体での廃棄物の収集システムなどもリサイクルを意識した体制に切り替わっている。ごみの分別は国民の常識となり、環境負荷を少なくする商品に注目が集まるようになった。

　一方で、2008年のリーマン・ショック、2010年に明確化した欧州金融危機が世界経済を揺るがしている。日本でも、バブル崩壊の1991年以降の経済停滞期は失われた20年とよばれる苦しい状況の中、2011年3月の東日本大震災によってさらに大きなダメージを被り、経済的には非常に苦しい立場に追い込まれている。世界的にも日本国内でも経済の回復が切望されているのだが、そのためには商品等の生産量と消費量を増大させて貨幣の流通を増大させることが求められる。経済の活性化は一般には省エネ・省資源をベースにする環境対策とは逆方向の路線であり、近年の経済危機は明らかに地球環境問題への対応を鈍らせている。

　持続可能性（サステイナビリティ）は後世代にも地球の資源を残していくための環境保護の方向性を示すが、世界的には持続可能な開発（サステイナブル・ディベロップメント）の合意が得られている。開発とは地球資源を活用した経済活動を指すもので、基本的には環境を破壊する人間活動の一つである。開発途上国が主張する経済発展のための開発と、先進国の主張する地球環境保護を突き合わせた妥協案であり、環境と経済を調和させることの困難さが滲み出ている。

　このように地球環境問題に対応するには環境保護と経済とのバランスを図るなど、非常に大きな困難が伴う。しかし、今後の地球環境のためには避けて通ることのできない課題でもある。その難題に対して、中心的な立場となり今後の社会のあり方を考えるべき人々は、現在の若者世代である。筆者も微力ながら大学の授業やセミナーなどを通して種々の環境問題が存在すること、そして、その本質

を大量生産・大量消費社会の歪みとして捉えるべきことなどを人々に伝えるとともに、今後の環境対応策のあり方を考えていくことの重要性を説いてきた。

ただし、「考える」重要性を説いたとしても、どのように思考すべきかについてはあまり触れることはできなかった。そこで今回、環境問題の思考方法についても言及することを目指すこととした。現在の環境問題には多様で複雑な要因が絡み合うが、市民個々人が関連情報を収集・整理し、バランスよく思考することによって自身の意思決定に結びつけるプロセスが求められる。この部分を中心課題として、環境問題の情報リテラシーとして本書を執筆することとした。

筆者は2006年に、環境情報の収集・整理方法、そして意思決定のための注意点を消費者視点からまとめた『消費者の環境情報学』を著した。本書は当該書籍の改訂版として位置づけられる内容であるが、意思決定のための思考方法やその方向性を追記するとともに、全体として消費者視点だけではなく一般的な視点で論じるものに変更したので、『環境情報学』のタイトルでまとめなおすこととした。

本書は基本的には筆者の担当する授業のテキストとして活用することを主の目的としてまとめたものであるが、一般学生や社会人等にとっても、どのようなポリシーをもって複雑な地球環境問題に臨んでいくべきかを考える参考になるものと自負する。そして地球環境問題の解決に向けて何らかの役に立つことを望むものである。

おわりに、本書を著すにあたってご協力いただいた、先輩諸氏、研究室の卒業生や学生、授業を通して貴重な意見を頂いた受講生等に感謝申し上げる。

2013年3月

大矢　勝

環境情報学
―― 地球環境時代の情報リテラシー ――

目 次

はじめに ·· i

第1章　環境情報学の意義 ·· 1
- I 「環境情報」の定義　1
- II 環境情報学の目標　3
- III 環境問題の深刻化　3
- IV 環境問題の複雑化　5
- V 社会の高度情報化　8
- VI 環境情報学に求められるもの　12

第2章　環境問題の全体像の把握 ···························· 14
- I 環境情報の分類法　14
- II 注目すべき環境問題　15
  1. 環境政策・ビジネス関連　15
  2. 水・大気・土壌関連　21
  3. 廃棄物・リサイクル関連　24
  4. 資源・エネルギー関連　27
  5. 有害化学物質関連　29
  6. 自然関連　32
- III 環境問題の相互の関連性　35

第3章　環境情報の収集・整理法 ···························· 37
- I 高度情報社会の情報収集・整理の考え方　37
- II 情報収集・整理の一般的手順　39
  1. 目的の確認　39
  2. 情報源の選択　40
  3. 情報収集・整理　41
- III 環境情報の具体的収集法　43
  1. 基盤書籍　43
  2. インターネットの利用　47

Ⅳ　環境情報の論点別整理法　*51*
　　1．基本姿勢　*51*
　　2．具体的事例より　*51*

第4章　「専門－一般」尺度の理解 …… *56*

Ⅰ　「専門－一般」の尺度　*56*
Ⅱ　理化学系情報の各段階における特徴　*57*
Ⅲ　専門情報・一般情報の今後の課題　*63*

第5章　不良情報の識別 …… *69*

Ⅰ　不良情報の分類　*69*
Ⅱ　バイブル商法型　*69*
Ⅲ　消費者運動型　*72*
Ⅳ　知識不足型　*73*
Ⅴ　フードファディズム　*76*
Ⅵ　経皮毒商法　*80*
　　1．経皮毒とは　*80*
　　2．「経皮毒」関連の情報の問題点　*81*
　　3．根本的な原因　*85*

第6章　環境情報を発信するための手順と注意点 …… *88*

Ⅰ　情報発信に関する一般的課題　*88*
Ⅱ　環境情報発信の一般的手順　*89*
　　1．情報発信のための4つのステップ　*89*
　　2．情報発信目的の明確化　*90*
　　3．発信した情報へのフォロー　*94*
Ⅲ　情報発信プラニング事例より　*97*
　　1．地球温暖化のメカニズムに関する情報発信　*97*
　　2．化学物質の毒性に関する情報発信　*98*
　　3．ゴミ分別に関する情報発信　*101*
　　4．環境関連書籍紹介　*103*

第7章 情報発信トラブルを避けるために 105

Ⅰ 情報発信者の責任　105
Ⅱ 著作権と肖像権　106
Ⅲ 名誉毀損・侮辱について　108
Ⅳ 新たなコミュニケーション形態の注意点　110
Ⅴ 個人レベルのコミュニケーション阻害要因　111
　1. 論理的なコミュニケーションのために　111
　2. 一般的攻撃性に対して　114
　3. 性格の多様性を認識する必要性　115
　4. パーソナリティ障害との関連で　117
Ⅵ トラブルに巻き込まれたら　119
　1. 民事裁判と刑事裁判　119
　2. 弁護士とどう向き合うか　120
　3. 紛争時の具体的手続き　121

第8章 環境問題の思考に求められるもの 126

Ⅰ 2種の科学と思考　126
Ⅱ 「考える科学」の基本条件　128
Ⅲ 「無害の証明」について　130
　1. 100％の安全性保証の意味　130
　2. 「100％の安全性」の不適切な表現　131
Ⅳ 論理の検証方法　133
　1. 原因と結果の因果関係について　133
　2. 確率に関する表現について　135

第9章 バランス感覚を養う 138

Ⅰ 「生活−地球」「科学−社会」の次元認識　138
　1. 「生活−地球」「科学−社会」尺度　138
　2. 個人の特徴づけより　139
　3. 問題解決のバランスのため　140
Ⅱ 「地球−人間」軸より　144

1. 地球中心主義と人間社会中心主義　　144
　　2. 論議混乱の原因　　145

第10章　数値処理の基礎知識……………………………147
　Ⅰ　数値の信頼性について考える　　147
　Ⅱ　平均値の差の検定　　150
　Ⅲ　差の有無を感覚的に読み取る　　153
　Ⅳ　統計のウソを見抜く　　155
　Ⅴ　リスク論・LCA より　　159

第11章　新思考ツールで地球環境への対応法を考える……161
　Ⅰ　2種の社会における地球環境問題解決のあり方　　161
　Ⅱ　モラルと論理的思考の必要性　　162
　Ⅲ　「支配－被支配」の人間関係による思考ツール　　166
　Ⅳ　地球環境問題に対応する「和のモラル」　　169
　Ⅴ　一方型思考への対応はどうあるべきか　　171

第12章　サステイナブルな社会を構築するための課題……174
　Ⅰ　省資源・省エネルギーの必要性　　174
　Ⅱ　解決策としての「節約」の限界　　175
　Ⅲ　新たな消費者運動の流れとして　　176
　Ⅳ　ファッション関連産業を例に　　178
　Ⅴ　新たな環境教育・消費者教育の必要性　　180

おわりに　……………………………………………………182

参考文献　……………………………………………………184

第1章
環境情報学の意義

I 「環境情報」の定義

　本書では「環境情報」を「環境問題に直接的に関連する情報」と定義することとする。以下、一般的な日本語の用法、語感、そして英語表現から理由を説明する。

■1 一般的な日本語の用法との関連

　用語としての「環境」は比較的幅広い意味を有し、広義で生物を取り巻く家庭・社会・自然などの総体を、狭義では生物に何らかの影響を及ぼすものを指す。「環境」が被修飾名詞として用いられる場合、つまり「地球環境」「都市環境」「生活環境」「室内環境」「自然環境」「人間環境」「情報環境」「労働環境」「育児環境」「教育環境」「福祉環境」などの用語には、「地球環境」や「都市環境」などの「環境問題」に関連性のありそうな名称も含まれるが、「情報環境」や「育児環境」などの「環境問題」が直接的には連想されない用語も含まれる。一方で「環境」が修飾語として用いられる「環境工学」「環境分析」「環境調査」「環境化学」「環境経済」「環境政策」「環境倫理」「環境法」「環境教育」「環境科学」などは、「環境問題」との関連性が比較的強い。よって、「環境情報」も環境問題に直接的に関連する情報として定義するのが望ましいであろう。

■2 「環境情報」の語感から

　筆者は授業の受講者を対象に「環境情報」から受けるイメージについて調べてきた。具体的には、表1-1の各タイトルが「環境情報」に相当するか否かを3段階（0点～2点）で問い、平均値を環境情報適合得点としてデータをとってきた。得点が2点に近いと環境情報に当てはまり、得点が0点に近いと環境情報には当てはまらない。その結果、地球温暖化やダイオキシン関連の情報が環境情報に当てはまり、スポーツ関連情報などは当てはまらないと判断されることが確

表 1-1　各種記事タイトル環境情報適合得点

No.	仮想記事タイトル	2005	2009	2010
1	環境省が地球温暖化対策のための、エネルギー政策を発表。	1.83	1.90	1.92
2	○○島新空港建設計画。世界有数の珊瑚礁が危機に。	1.73	1.90	1.88
3	母乳中のダイオキシン濃度、再び高まる傾向	1.66	1.81	1.74
4	インドの人口増。食糧危機がますます深刻に。	1.43	1.50	1.45
5	カップ麺の添加物△△。発ガン性が明らかに！	1.24	1.42	1.14
6	JR 横浜駅。鳩の糞害に乗客憤慨！	0.91	1.27	1.41
7	50 年に一度開花。高山植物××の謎が明らかに。	0.60	1.12	1.08
8	大型台風が接近中。今週末に関東上陸の可能性。	0.47	1.06	1.41
9	都心部土地価格が底値に。マンション購入に絶好のタイミング。	0.16	0.63	0.60
10	巨人の清原、「最後まで巨人で！」と明言。	0.04	0.20	0.10

認できた。いわゆる「環境問題」に関連する情報が環境情報として認識される傾向にあることがわかる。

3 英語表現から

「環境情報」の英訳は「Environmental Information」である。大学の学部等の名称として「環境情報」はしばしば見かけられ、例えば筆者も環境情報研究院という名称の大学院部局に所属しているが、その名称の英訳はInstitute of Environment and Information Sciencesであり、「環境情報」は「環境と情報」の意味合いで用いられている。Environmental Informationの意味の「環境情報」を用いた大学はあまり見かけられない。

一方、Environmental Informationは欧米で空気、水、土壌、土地、植物相、動物相、エネルギー、騒音、廃棄物、排出に関する情報と、環境に影響を及ぼす決定、政策、行動を含むものと定義されている（Environmental Information Regulation 2004）。これも本書で提案している「環境問題に直接的に関連する情報」にほぼ一致する定義であると考えられる。

II　環境情報学の目標

「環境情報」が「環境問題に関連する情報」と定義した上で、「環境情報学」はどのような内容となるだろうか。扱う内容が環境問題関連なのだから、「環境問題学」「環境問題論」等との違いに特に着目する必要がある。環境情報そのものを説明する内容では「環境問題学」とすべきであろう。「環境情報学」として、何らかの目的を有した学問体系として位置づけるならば「情報」を意識する必要がある。特に高度情報社会に対応した情報活用のあり方という意味合いを含めて、「環境問題対応策として情報を活用するための理論と方法論を扱う学問」と定義することが適切であると結論づける。特に多数派の市民に共有されることが望ましいという前提で、本書のサブタイトルは「地球環境時代の情報リテラシー」とした。

さて、この環境情報学が目指すものは何であろうか。参考として環境教育の目標をみると、「環境の保全のための意欲の増進及び環境教育の推進に関する法律」によって「健全で恵み豊かな環境を維持しつつ、環境への負荷の少ない健全な経済の発展を図りながら持続的に発展することができる社会（持続可能な社会）を構築するための環境や環境問題に対する興味・関心を高め、必要な知識・技術・態度を獲得させるために行われる教育活動」と定義されている。最終目標を持続可能な社会の構築として、興味・関心を高めるとともに、知識・技術・態度を獲得させるのが環境教育である。それに対して環境情報学では、特に複雑な情報の収集・整理・発信といった情報操作と、情報を用いた思考方法とその意味を扱うことで、その特色が明確になるであろう。

III　環境問題の深刻化

環境問題として思い浮かぶ具体的な事例としてどのようなものがあるだろうか。筆者の経験では、学生からは地球温暖化、オゾン層の破壊、酸性雨、熱帯林の破壊、砂漠化、野生動物の危機、海洋汚染などの問題が挙げられる場合が比較的多い。2011年の3.11東日本大震災以降は、原発問題やエネルギー問題も大き

な注目を集める対象になったであろう。

　中でも地球温暖化は多くの人々が環境問題として第一に挙げる話題である。人間活動が大気中の二酸化炭素の濃度を高めてきたが、二酸化炭素は地球温暖化成分であるため、その割合が増すことによって地球の温度が上昇し、海面上昇や農業への悪影響などで、人類に対して甚大な被害を及ぼす原因になりつつあるという説である。二酸化炭素のみに着目するのは不適で、水蒸気をはじめとする他の温暖化ガス成分を考慮しない方向性は危険だとする意見、太陽の活動から憂慮すべきは寒冷化であるとする意見などもあるが、地球の資源を消費して成り立つ人間の大規模な経済活動が、人類の存続を脅かす原因になりつつあるという点では異論のある人々は非常に少ないだろう。二酸化炭素排出量の取引等に関して多くの問題が噴出してくるであろうことも十分に予測されるのだが、資源・エネルギー消費型の経済活動のシンボルに二酸化炭素排出を位置付け、その二酸化炭素の排出量を抑えるよう経済活動を変えていくという方向性自体は基本的に否定されるべきものではない。

　根本的な問題点は資源・エネルギー消費型の経済活動の行き過ぎにあり、その人間の経済活動が自然環境に対して悪影響を及ぼし、人類の存続を阻害する要因にすらなりかねない状況に陥りつつあるのである。地下資源は有限であり化石エネルギーの代表として産業を支えてきた石油は、その生産量がピークを迎えつつあるとの説が肯定的に捉えられるようになった（peak oil など）。

　国際エネルギー機関（IEA）は、世界の在来石油の生産量は 2006 年にピークを迎えていた可能性が高いとの報告書を 2010 年に発表した。これまで何度も石油の埋蔵量は数十年で枯渇すると発表され、その都度、石油の枯渇の危機が伝えられてきたのだが、いつも石油探索・採掘技術の改善によって石油の埋蔵量は増え続け、実質的に石油の枯渇を心配する状況には辿り着かなかった。しかし今回はそういった技術向上の要素を加味しても石油の生産量は低下していくとの見通しが伝えられたのである。資源の生産量が減少すれば、その資源の価格が上昇して消費量が少なくなるので、ある資源が枯渇してしまうということは実際にはあり得ないことであるが、50 年後や 100 年後まで、現在のように自由に石油を利用できる状況が続くとの見通しは立てられないようである。

　現在の産業は、農業を含めて化石エネルギーに依存している。生産物の輸送一

つとってみても、石油がなければ機能しなくなる。太陽光エネルギーを直接利用するエネルギー対策、バイオマスエネルギーなども注目されているが、使用しやすい化石燃料の役割は計り知れない。自然災害への対処・復興など、大型の社会整備は資源とエネルギーを消費することで成り立つ。エネルギーの限界が見えている状況で、気候変動や酸性雨、それに伴う農林業等への悪影響が噴出した場合、人類が非常に深刻なダメージを受けることになることが容易に予測される。

Ⅳ 環境問題の複雑化

地球環境に危機が迫っていることは、その時間的スケールに対する考え方の違いはあっても、大筋では異論を唱えるものはほとんどいないであろう。しかし、その対応策を考えると非常に大きな困難が伴うことがわかる。以下、環境と経済の関係、そして生活の安全と地球環境との対立構図の下で、環境問題の複雑性をみていくこととする。

■1 地球環境問題と経済の関係

たとえば、地球環境問題への対応策は、省エネ・省資源が重要なキーワードになることは確かであり、省エネ・省資源策は絶対的な「善」として評価される傾向にある。しかし、それらの政策がさほど推し進んでいるとは思えない。なぜだろうか。

省エネ・省資源策を推し進めるためには無駄をなくすための消費抑制が求められる。「無駄をなくせ」とはよくいわれるが、実際に国民が無駄をなくして消費を抑制していけば、商品の売り上げが落ち込み流通業者や製造業者に経済的大ダメージが降りかかる。それは社会全般的な不況に結びつき、企業の業績は低下し税収も落ち込む。そして企業、行政共に環境対策予算が減少し、環境運動にもマイナスに作用するだろう。何より、実質的な物価上昇という形で消費者にとっての最大級の不利益がもたらされることになる。

地球環境保全のためには、単純には経済活動を縮小していく方向性が求められ、環境問題の専門家は資源・エネルギー消費型の消費に幸福感を見いだす価値観からの脱却を訴えている。一方で、これらの省資源・省エネ型の価値観は、経済的に豊かな富裕層の中の文化人には受け入れられるが、貧困層には到底受け入れられ

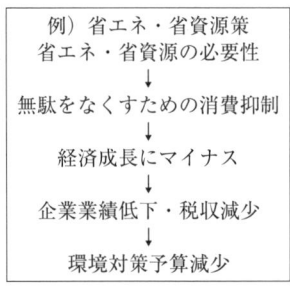

図1-1　環境問題の複雑化

るものではない。貧困な状況から抜け出すためには経済活動を活性化して豊かになるしか方法がなく、そのためにはまずは経済を優先すべきと考える。現時点で貧困層に属していなくとも、所属する企業の経済活動が環境対応のために阻害されれば職を失うことになる。資源・エネルギー消費型の経済活動を抑制することが必要であると分かっていても、実際の生活を支えるためには、まずは経済を優先することになる。この点が、地球環境問題解決のための最大の課題となる。

省エネ・省資源策自体は否定されるべきものではない。何が問題かといえば、消費削減が経済不況に結びつくという点である。よって、これらの消費削減策を進めるためには「消費を控えろ」と声高に叫ぶよりも、省エネ・省資源と両立できる経済とはどのようなものであるかを考え実践することが求められる。環境と経済のバランスに着目し、経済不況にならぬよう配慮しつつ環境負荷を減らす生活を目指すという方向性が目指されるべきである。

2 地球環境問題と生活環境問題の関係

生活環境の問題と地球環境の問題が対立する場面もよくみられるが、両方が環境配慮型姿勢として正しいと捉えられているので、問題が複雑になる。ここで、「水道水の安全性」を事例として環境問題の相互関係について考えてみる。

今現在、多くの水道水中には発ガン物質が含まれている。実際にそれがどれほどの危険性を有しているのかは別として、発ガン物質が含まれているか否かといえば、発ガン物質は含まれている。それは、決して好ましい状況ではなく、市民としては発ガン物質のまったく含まれていない安全な飲料水を求める権利がある

と考えられる。

　では上水道から安全な飲料水を得るにはどうすればよいだろうか。発ガン物質の主な原因物質は水道水中に含まれる塩素である。塩素は殺菌性があるが、生体に対する毒性があり、他の物質と反応することによって、より問題のある発ガン物質などを生成してしまう。部分的に水道管内の圧力が低下して外部から汚水が水道管内に入り込むなどの万一のアクシデントに対応するために水道水中には比較的多量の塩素が含まれている。しかし、上水道に用いる水の浄化をより完全にし、水道管の管理を完璧にすれば我々は安全な水を得ることができる。つまり、上水道用の水の浄化と水道管の保守管理をより完璧なものにすれば発ガン物質を含まない水を得ることができるのである。

　しかし、水の浄化・水道管の保守管理はエネルギーを消費する。我々はエネルギーといえば電気、ガス、石油、原子力等の動力や温度変化の元となるものを連想するが、環境問題を扱う上では、混ざりもののない清浄な物質もエネルギーを有していると考えることができる。実際、清浄な水は、ものを洗うなどの操作に利用して役立つが、汚れた水は役立たない。清浄な状態自体が利用できるエネルギーを蓄えていると理解することができ、汚れた水をきれいにするには必ず何らかのエネルギーを消費して操作をしてやらねばならないのである。そしてエネルギーを投入する行為は、結果的には地球温暖化等の原因になる。今現在、世界各国で二酸化炭素の排出量を削減しようと努力が払われているが、それは使用エネルギーを削減しようということに他ならないのである。

　このようにみると、個人の安全・利便性を守るために水道水中の発ガン物質を取り除くことと省エネルギー政策を推進しようとする取り組みが対立関係にあることが理解できる。従来の環境問題に対する姿勢は、個人の安全を守ることが「善」、地球環境を守ることも「善」、それらに反対する方向性が「悪」として捉え、「善」の力を強めることが環境問題を解決することに繋がると考えられてきた。

　しかし、今後の環境対策では上記の水道水の安全性問題で示したように、「個人の安全性」と「地球環境の保全」とが対立関係に位置する状況が多くなることを念頭に置く必要がある。水道水に関してならば、投入できるエネルギーや設備等の関連で発ガン率をゼロにするのは不可能であるとしても、どの程度まで発ガン率を下げることが望まれるのか、また使用エネルギーをどの程度までに抑えることが

適切なのかといったバランスを考えることが要求されるようになる。今後、より切迫した状況に陥ったなら、飲用に供することのできる水質の水道水をトイレの洗浄にも用いている日本の水道事情も見直しの対象になるかもしれない。

　今後の環境対策には、関連する情報を種々の角度から収集して、対応策を冷静に検討することが望まれる。しかも、市民自らの意志決定を尊重するという姿勢を崩さないならば、市民レベルで環境に関する情報を適切に収集して判断する情報処理能力を養っていくことが求められる。一部の専門家と行政側の意志によって方向性が決定されるという体制ではなく、市民としての意志を反映させる社会を目指すなら、市民のレベルで複雑な環境問題に対応する力を身につける必要がある。そのために、複雑な環境問題を理解するための情報との付き合い方を扱う、「環境情報学」を構築し、市民の教養として共有することが求められるのである。

V　社会の高度情報化

　環境問題対応策として情報を活用するための理論と方法論、または地球環境時代の情報リテラシー等を扱うならば、社会の高度情報化の意味を整理しておく必要がある。特にインターネットの普及は一般市民の情報環境に著しい変化をもたらした。インターネットは米国で発展し、1960年代から基盤が構築され、1980年代から商用利用が始まった。日本では学術組織の実験的ネットワークであるJUNET（Japan University NET work, 1984-1991）がコンピュータネットワークの起源とされている。JUNETでは、主に情報系の大学組織や企業の開発・研究院等が中心になって電子メールやネットワークニュースをバケツリレー方式で伝達し、情報交換を行っていた。当時はあくまで実験的なものであり、タイムラグや情報の紛失も多かった。その後、光ケーブルを用いた大学間のネットワークが整備され、2000年代に入ってADSLによる商用ネットワークを通じて、一挙にインターネットの利用が国民に広まった。その後、民間ネットワークへの光ケーブルの導入、無線型のインターネット利用形態の普及が進み、現在ではスマートフォンを用いたインターネット利用者が急増している。

　注目すべき点は、インターネットが社会に普及したのは、つい十数年前のこと

であり、情報環境が大きく変化してからの歴史が非常に浅いということだ。情報を取り巻く社会環境に著しい変化がみられたのに反して、個々の市民、および社会体制がその変化に対応できておらず、さまざまな歪みが生じている。インターネットを媒体とした種々の犯罪をはじめとして、ネットゲーム等にのめりこんで自分自身を見失ってしまう問題、また携帯メールなどにのめり込んで現実社会での人間関係を築けないといった問題などが生じている。

　しかし、学校を始めとする教育現場ではこれらの社会変化に追いついていない。「情報教育」はコンピュータ操作を扱うことが中心で、真の情報社会の問題に適応するための教育内容は現時点では十分には取り組みがなされていない。

　一方で、インターネットをはじめとした新たな情報媒体は、うまく活用すれば環境運動や環境教育などに対して計り知れない可能性を秘めている。社会の高度情報化は、強力な武器にも致命的なマイナス要素にもなりうるのである。情報の活用を目指すなら、社会の情報化の影響について把握し、その上で具体的な対応策を練っていく必要がある。

　そこで、社会の情報化の意味について、情報の「量」と「質」の変化という観点から本質をとらえ、またIT環境の変化という側面から今後の課題について検討することとする。

1 情報量の増大

　情報化の特徴の一つは量的変化である。人間を取り巻く情報の量が圧倒的に増してきた。たとえば、江戸時代に暮らす人々と現代の社会に暮らす人々との情報量の差を想像してみよう。江戸時代の人々であれば、接触する人々も限られており、マスコミから入る情報もないため、話題はごく限られた身近な範囲内のものに限られていたであろう。対して現代人は、接触して影響し合う人の数も多く、人と接触する際もマスコミで取り扱われる膨大な話題が潤滑剤に用いられる。こうして現代社会の人間は多量の情報に取り囲まれている。

　しかし、情報量が増大し続ける社会の流れに私たちは対応できていない。たとえば、学校教育の場面で情報量が増したことに対応するための方法論などはあまり注目されていない。学校教育の場面では、従来から暗記力がその児童・生徒の能力を見定める尺度に用いられている場合が多く、入学試験の多くも実質的には暗記力試験になっている。これは、昔ながらの情報量の少ない環境下での人間の

能力を測っているのである。

　しかし現在では実際に社会で求められる情報量は暗記で収まるレベルをすでに通り越しており、暗記よりも情報収集・整理する能力の方がより重要になっている。暗記重視型の教育から情報収集・情報整理・情報活用重視型の教育への変化が求められる。知らない情報をいかに見つけ出して、そして収集した情報を活用しやすくするためにどのように整理しておくのか、またそれを活用する効果的な手法はいかなるものかといった点に力点を置いた情報教育が展開されることが望まれる。

2 情報の価値の向上

　従来「情報」は「モノ」に対して著しく価値の低いものであると捉えられてきた。両者の価値観を比較するため「モノ」の万引きと「情報」のコピーを比較してみよう。モノの万引きは大きな罪悪感を伴うもので、たとえ10円の商品であっても万引きには相当重い罪悪感がつきまとう。一方でレンタルビデオや友人から借りたCDのコピーなどは、それが違法であることを知っていても、万引きに比較するとかなり軽い罪悪感しか伴わない。

　しかし、10円の商品の万引きと、3,000円のCDの違法コピーならば、後者の方が実際には生産者・流通業者にとっての経済的ダメージが大きい。我々は複写して同一内容のものを作成したとしても、もとのCD媒体、書籍の紙等の「モノ」を傷つけたりしなければ、他者に対して被害を与えたという意識が少ない。

　このように情報に関して我々は加害者意識も低いが、一方で被害者意識も低い。我々は購入した「モノ」には厳しい品質を求めるが、購入した「情報」にはあまり厳しい視線を注がない。非常に質の低い情報を販売しても、量的に適度であれば文句をいわれることがない。非科学的で低質な内容の書籍等が堂々と販売されているが、そういった情報商品に対して損害賠償を求めるといった消費者行動はほとんど見られない。これは、消費者保護という観点からは憂慮すべき事態なのである。

　我々は、自ら違法コピー等に関連する情報モラルを高めると共に、消費者の視点から商品としての情報に対して、より厳しい態度を表明すべきだ。そうすることによって、悪質情報が淘汰され、情報の流通環境が向上していくことにつながる。よって、消費者教育の中で、違法コピーなどの問題を伝えて消費者自ら情報

の価値を認識するとともに、悪質な情報を見分けて、消費者保護の観点から悪質情報発信者と闘っていくという姿勢を身につけることが望まれる。

❸ ITによる生活様式の変化

　情報の「量」「質」とは別次元だが、社会の情報化と切り離せない側面としてITによる生活様式の変化が挙げられる。コンピュータ、携帯電話（含スマートフォン）、インターネット等が生活パターンを大きく左右している。

　生活機器の情報化はアナログ式機器からデジタル式機器への変化となって現れた。特に高齢者等では、この新たなデジタル機器の操作に慣れることができず、不利益を被る場面が増えてきた。ただし、現代の若者は生まれた頃からゲームなどのデジタル機器に接触する機会が多く、問題は少なくなってきつつあるようだ。

　近年問題になりつつあるのは、むしろネットゲームやネットコミュニケーションの利用による精神的な健康影響に関する点である。一般生活にも悪影響を及ぼす場合もあるようだが、どのようにIT環境と付き合うのが良いのかといった指針がみあたらない。現在進行形でIT環境は発展しているので、その対応策が現時点で整っていないのも当然のことだ。

　また、インターネットの普及は消費者に従来とはまったく異なる意味合いでの情報環境をもたらした。インターネットで種々の情報を収集することができるようになったが、この点については従来よりも便利になったというレベルの変化である。それよりも画期的な変化は、従来は一方的な情報の受け手であった一般市民が、情報の発信者にもなりうる環境を手に入れたという点だ。インターネットが普及するまで、情報の大部分はマスコミ関係者等の情報発信を専業とする立場から発信されてきた。しかし、現在はインターネット上のホームページやブログの開設、またはネット掲示板等への投稿によって、誰でも簡単に全世界に向けて情報を発信することができるようになったのである。

　しかし、ここにも大きな落とし穴がある。大部分の市民は情報の発信に関する教育を受けていない。情報発信には注意すべき事項が多くあるはずだが、それらを抜きにして情報を発信する環境だけが市民に提供される。また、一般レベルで情報発信する際の社会的ルールも確立されていない。いわば、自動車を与えられ、そのハンドル操作等の基礎的な運転技術は習ったけれど、交通ルールらしきものは教わっておらず、もともと社会に交通ルール自体もない、という状況を連

想すれば現状が把握しやすいであろう。

　一般消費者のレベルで情報を発信することができる環境が整ったという点は、うまく活かせれば社会運動等に大きく貢献するが、その弊害に注意しておかなければ、消費者が手に入れた新たな情報環境が、むしろ消費者の足を引くマイナス要因になってしまうだろう。新たなIT技術の基本的な利用方法を身につけるとともに、情報発信時の基本的モラル、そしてIT環境との賢い付き合い方について新たな情報教育の中で学んでいくことが求められる。

VI　環境情報学に求められるもの

　以上、環境問題の深刻化と複雑化、そして社会の高度情報化について説明してきたが、環境情報学では具体的にどのような内容を取り扱うことが望まれるだろうか。本書のサブタイトルである「地球環境時代の情報リテラシー」は、具体的には、環境問題に関連する情報を題材として、高度情報社会における情報との付き合い方を学んでいくという内容を意味する。

　情報量の増大に対しては、まず覚えることに対する意識改革が求められる。暗記することから脱却し、情報を収集・整理し、考察して意思決定に結びつけることの重要性を認識すべきだ。環境情報学では環境問題関連の情報を対象として、その情報収集法、そして意思決定に結びつけるための情報整理法を扱う。環境問題は非常に幅広く多様であり、種々の事柄を記憶することに大きな価値を見いだすのは好ましくない。環境問題の全体像を把握するための枠組を理解し、ごく基本的な事項について把握しておけばよいだろう。

　今後の複雑な環境問題に対応するためには、知識伝授型の教育から、情報の収集・整理から判断に至る意思決定プロセスの重要性を伝える教育への転換が求められる。特に重視されるべきは思考プロセスについてである。思考することの意味を理解することに始まり、環境問題に関する情報を具体例として、思考のための方法論についてさまざまな視点から捉えていくことが求められる。特に、今後は地球次元での環境問題に対応していかねばならない時代を迎え、日本国内だけではなく、世界に向けてのメッセージを発信していく態度が日本人にも求められる。グローバルな次元で通用する環境問題の思考方法はどうあるべきかを考察す

ることが必要となってくる。

　情報の価値の向上に関しては、消費者自ら情報に関する他者の権利を侵害しないためのルールを学ぶと共に、生産者の発する悪質な情報に対して市民・消費者として対抗する意識を育むことが望まれる。情報に関するルールとしては、情報複写に関する注意点や情報引用時の手順等を把握しておくことが求められる。また、科学的に誤りのある情報発信で消費者の不安を煽って商品販売に結びつける悪質商法等に対して、断固として闘う意志と態度を身につけるべきだ。本書では具体的に詐欺的な健康関連情報を取り上げて、問題ある情報への対処方法を考えたいと思う。

　ITによる生活様式の変化への対応に関しては、環境情報を題材としてIT環境から必要とする情報を収集する手法、また情報発信を行う際の手順と注意点について触れる。学校教育の中でもインターネットによる情報収集が実習として取り入れられる場面が増えてきたが、収集した情報の発信者属性等をチェックするといった注意点等が扱われることは少ないようである。効率的な情報収集手順と共に、収集した情報を評価するためのステップの重要性を認識する必要がある。また、インターネット等の新情報媒体でのコミュニケーション・モラルも重要だ。環境問題を題材とした論議を進めていくための論理的思考の重要性を認識するとともに、コミュニケーションの阻害要因となる言動について理解する必要がある。

　以上、環境問題に対応するための情報リテラシーとして、さまざまな側面からのアプローチが求められる。これらの多くの課題について考察を進めていくことが本書の目的である。

第2章 環境問題の全体像の把握

I 環境情報の分類法

　環境問題と冷静に向き合うためには、まず環境問題の全体像を把握する必要がある。環境問題に関する論議で混乱が生じるのは、目前の環境問題に関する話題の深刻さに目を奪われ、視野が狭くなってバランス感覚を失ってしまうというパターンや、またあまりにも多くの環境問題の話題が耳に入り、処理しきれずに混乱状態に陥るというパターンが多い。これらの問題には、環境問題の全体像を把握するための受け皿を準備し、そしてその受け皿を用いた情報整理法を身につけておくことで対応が可能となる。そこで、環境問題の全体像を把握するための受け皿として、環境情報の分類体系を取り上げて説明したい。

　環境問題は非常に幅広い内容を含み、その内容を整理するための分類体系も多様である。環境情報を整理するための分類体系の決定版といったものは現在のところみあたらないが、本書では表2-1の分類体系を採用する。

　地球レベルでの項目と国内ローカルレベルの2次元、そして内容分類として6項目に分けたマトリクスからなる分類体系であり、内容分類項目は、①環境政策・ビジネス、②水・大気・土壌関連、③廃棄物・リサイクル、④資源・エネルギー、⑤有害化学物質、⑥自然、の6項目を設定している。

※この分類法の構築の経緯

　図書館の日本十進分類、環境白書をはじめとした各種環境関連図書の目次、環境省ほか環境情報を扱うWEBページの情報分類体系等を収集し、共通する分類項目を抽出した。分類項目の中で「地球環境」が多くみられたが、そこに分類される情報量が多く、重要性も高く、今後も情報量が増大し重要性も高まっていくことが予測されるので、各環境関連項目について地球環境問題とローカルな環境問題に分けるマトリクス型の分類体系を採用することとした。

表2-1　新分類体系による全体像把握

	地球レベル	国内ローカルレベル
環境政策・ビジネス	環境保全型雇用創出、国際協力、国際会議、人口問題、南北問題、債務問題、飢餓・過食問題、資源紛争、ジェンダー、国際環境犯罪	環境法令・条例、環境報告書、エコテクノロジー、環境ラベル、ISO14000、LCA、エコファンド、環境教育・学習、環境倫理、環境運動
水・大気・土壌関連	地球温暖化、酸性雨、オゾン層、食料不足、海洋汚染、地下水問題、途上国都市大気汚染	都市大気汚染、騒音・振動、悪臭、自動車、土壌汚染、富栄養化、地盤沈下
廃棄物・リサイクル	廃棄物越境、不法投棄、リサイクル技術	循環型社会、リサイクル、産業廃棄物、不法投棄、グリーンコンシューマー
資源・エネルギー	資源枯渇、省エネルギー、新エネルギー、マイクロ発電	省エネルギー、クリーンエネルギー、バイオマス、原子力
有害化学物質	途上国の農薬問題、途上国の規制、残留性有機汚染物質	環境ホルモン、ダイオキシン、リスク評価、PRTR、アレルギー、公害
自　然	自然災害、砂漠化、森林破壊、生物種減少、鳥類・両生類の危機、サンゴ礁の危機、エコツーリズム、農業のあり方	自然公園、農地、ビオトープ、自然観察

II　注目すべき環境問題

1．環境政策・ビジネス関連

　先に示した分類法に従って、注目すべき環境問題を探り、環境情報の全体像を眺めてみたい。環境政策・ビジネス関連の分野の地球レベルでの重要な課題としては開発途上国での人口問題や南北問題等が挙げられる。一見すると、環境問題に関連する話題に含めて良いものか否か迷うところもあるだろうが、その具体的解決策等を考えていくと「貧困」が環境問題の根本的な原因であることが明白になる。また、開発途上国での貧困が当該地域での女性の地位の低さが拍車をかけているとの指摘もあり、「ジェンダー」が問題解決の重要なキーワードに挙げられるようになった。国内ローカルな次元の問題としては経済の活性化と環境問題解決を結びつける重要なキーワードとしてエコテクノロジーに関する話題が挙げられる。

　以下、環境関連国際会議、人口問題、南北問題、エコテクノロジーについてよ

り詳しく説明する。

1 環境関連国際会議

地球レベルの環境情報に接触する際、国際会議や条約等の固有名詞に慣れておくことで理解しやすくなる。ここでは、ごく一部だが国際会議や条約の名称についてまとめておこう。

主たるものを表2-2に示す。この中で、環境問題について総合的に扱う首脳レベルの会議は1972年の国連人間環境会議（ストックホルム）、1992年のリオ地球サミット、2002年のヨハネスブルグ地球サミット、2012年のリオ＋20等が挙げられる。リオ地球サミットでは持続可能な開発に向けてのリオ宣言とアジェンダ21等が合意され、温暖化防止のための気候変動枠組条約と生物多様性条約への署名が始まるなど、一定の成果が得られたが、ヨハネスブルグ地球サミットでは、当時のブッシュ米国大統領が参加せず、温暖化防止に関しての再生可能エネルギーに関する具体的数値目標は定められず、グローバル・ガバナンスに関しても欧州の提案に対して米国が反対して議題にもならず、その成果は厳しく評価された。

これらの総合的首脳会議の他には、生物保護関連では鳥類保護のための湿地保全に関するラムサール条約（1971年採択）、野生生物の国際取引を制限するワシントン条約（1973年採択）がある。またオゾン層保護のためのモントリオール議定書（1987年採択）や有害廃棄物の越境移動に制限をかけるバーゼル条約（1989年採択）などが挙げられる。

日本では、1997年に京都で開催された地球温暖化防止京都会議（COP3）が話題としてよく取り上げられてきた。COPはもともとConference of the Parties、すなわち締約国会議を意味し、地球温暖化に関する会議に限った名称ではなかったのだが、COP3以降は気候変動枠組条約締結国会議のことを指す場面が多くなった。また2008年には北海道で第34回主要国首脳会議（G8洞爺湖サミット）が開催され、気候変動と持続可能エネルギーに関する対話とアフリカに関する取り組みについて論議された。2010年には名古屋にて生物多様性条約COP10が開催され、COP6（2002年）採択の「生物多様性の損失速度を2010年までに顕著に減少させる」という目標の検証と新たな目標設定が行われた。

その他、2009年に当時の鳩山首相がニューヨークの国連本部で開かれた気候

表 2-2　環境関連国際会議・条約

1971	ラムサール条約（採択）	イランのラムサールで開催された国際会議にて「特に水鳥の生息地として国際的に重要な湿地に関する条約」が採択され75年に発効した。日本は80年に締約国になった。
1972	国連人間環境会議	ストックホルムで開催された環境問題全般に関する初めての国際会議。「人間環境宣言」が採択されたほか、国連の専門機関（後の国際環境計画［UNEP］）の設立が決められた。
1973	ワシントン条約（採択）	国連人間環境会議での勧告を受けて「絶滅のおそれのある野生動植物の種の国際取引に関する条約」が採択され、75年に発効した。
1987	モントリオール議定書（採択）	85年採択された「オゾン層の保護のためのウィーン条約」に基づいて、具体的な規制を盛り込んだ「オゾン層を破壊する物質に関するモントリオール議定書」が採択された。
1989	バーゼル条約（採択）	スイスで「有害廃棄物の国境を越える移動及びその処分に関するバーゼル条約」が採択された。日本は93年に加入。
1992	リオ地球サミット	「環境と開発に関する国連会議」（UNCED）において、持続可能な開発に向けてのリオ宣言とアジェンダ21（行動計画）、森林原則声明が合意され、温暖化防止のための気候変動枠組条約と生物多様性条約への署名が始まった。
1997	国連環境開発特別総会	ニューヨークにて「アジェンダ21の実施状況の全般的なレビューと評価のための国連総会特別会合」が開催され、アジェンダ21の点検・評価が行われた。
1997	地球温暖化防止京都会議（COP3）	「気候変動枠組条約第3回締約国会議」において先進国等が全体で温室効果ガスの総排出量を2008～12年に1990年に比し5%削減することなどを定めた京都議定書が採択された。
2002	ヨハネスブルグ地球サミット	「持続可能な開発に関する世界サミット」においてヨハネスブルグ宣言（政治宣言）、ヨハネスブルグ実施計画（JPOI）、タイプIIパートナーシップ・イニシアチブ等が採択されたが、ブッシュ米国大統領が不参加であり、成果には厳しい意見がある。
2010	生物多様性条約第10回締約国会議（COP10）	名古屋で開催された。生物多様性に関する世界目標と遺伝資源へのアクセスおよびその利用による利益の配分について論議された。
2012	国連持続可能な開発会議（リオ+20）	持続可能な開発を達成して、貧困問題に対応するためのグリーン・エコノミーの構築方法と、持続可能な開発に向けた国際的調整の改善法がメインテーマに設定された。新興・途上国の反発により、期限や数値目標など具体的には踏み込めず、またEU等の世界的な経済の悪化が足かせとなった。

変動首脳会合で、「二酸化炭素（CO_2）をはじめとする温室効果ガスを、2020年までに1990年比で25％削減する」と演説したことも論議を呼んだ。それまでの政府の目標は2020年までに2005年比で15％削減するというもので、新たな目標と同じ1990年比に揃えると8％削減になるので、非常に厳しい制限を宣言したことになる。

しかし2008年の米国でのリーマン・ショックが世界経済を震撼させ、2010年には欧州金融危機が表面化したこともあり、最近は世界的な経済再生が最大の関心事項となっている。日本でも2011年3月の東日本大震災が日本経済に大打撃を与えたため、必然的に電力消費等は控えられるようになった。しかし原子力発電の操業規制によって火力発電に頼らざるを得ない状況に陥り、エネルギー源の液化ガス輸入量が大きく増大し、そのために誘発された膨大な貿易赤字が大きな問題として注目されるようになった。このような状況でCO_2排出量の抑制についての議論は事実上、休止状態に陥った。世界的にも日本国内でも苦しい経済状態のために地球環境保護のための取り組みが滞るようになったというのが実情である。

2 人口問題

これは、南アジアやアフリカ等での人口の増加がその地域の人々の経済的困難や食糧不足問題等を加速化し、最終的に環境破壊につながるという構図からなる問題である。日本では少子化が社会的問題として注目されているが、地球環境問題として取り上げられる人口問題は、人口が増加する問題である。

従来は人口問題や食糧問題自体は環境問題とは異なる種類の社会問題であるとする考え方が主流であったが、地球レベルでの環境問題を考える場合、その影響の深刻さと具体的対応策との密接な関係から、環境問題の一部として捉えるべきだと判断されるようになった。

人口問題に関しては、その具体的解決策としてジェンダー問題との関連性も重要になってきた。すなわち、人口増加によって引き起こされる環境破壊を防ぐには、人口抑制策が求められるのだが、人口増加が問題となる地域では女性の地位の低さが人口抑制策を阻害する大きな要因になっている。元々経済的に困窮した国内情勢で、また選挙権すら保証されないほど女性の地位が低い状況では、女性にとっての保身手段は財産である子どもを生み育てるしかない。しかし農地や水

資源等の制限があるため、多産による人口増加が一人あたりの生活資源をますます減少させてしまう。つまり、貧困が人口増加を促進し、その人口増加がまた貧困を加速するという悪循環に陥るのである。

その悪循環を断ち切るのに女性の地位向上や女性に対する教育体制の充実が望まれる。子どもが少ない方が経済的には有利になるという状況を理解し、避妊についての知識を教育することが望まれる。また女性への教育を推進することによって女性の経済活動を援助すれば、根本的な原因である貧困への対処法にもつながる。

3 南北問題

経済的先進国と開発途上国との間に生じる問題が南北問題である。これも従来は環境問題とは別次元の問題として捉えられてきたが、現在では地球レベルでの環境対策を考えていく上での最重要課題であることが認められるようになった。

たとえば地球温暖化に対する対応策を考えてみると、①省資源・省エネルギー化の推進、②二酸化炭素吸収材としての森林の保守等が挙げられるが、経済的先進国と開発途上国ではその立場がまったく異なってくる。経済的先進国は、現時点での資源・エネルギー消費状況をベースとして、それを如何に減少させていくのかという議論を展開しようとする。しかし、開発途上国では絶対量としての資源・エネルギー消費量が経済的先進国よりも圧倒的に少ないため、資源・エネルギー消費量を制限して生活のレベルアップを阻む方策は受け入れられない。

また森林保護に関しても、その対象は開発途上国が大部分を占めるのだが、その理由は経済的先進国では過去に大規模な森林破壊が進んでおり、すでに保護すべき森林があまり残っていないためなのである。

これらの問題解決には、経済的先進国と開発途上国との間で、如何にバランスを保っていくのかという点に着目する必要がある。経済的先進国の資源・エネルギー消費の節減策を推進しつつ、開発途上国の資源・エネルギー消費量が過度に増加しないようにする政策が求められる。公平性の観点からみて一人あたりの資源・エネルギー消費量を同等にすべきという考え方もあるだろうが、そのためには米国や日本等では80％以上の資源・エネルギー消費節減といった現実味のない方策が要求される。

一方で現実問題として、食糧不足で飢餓状態にある人々が存在する反面、米国

などでは過食による肥満が社会問題化している。そして肥満に対処するために自家用車でスポーツジムに出向き、マシン・トレーニングを行うという生活を送っている人々が存在する。この状況下で開発途上国にエネルギー消費を抑えるように働きかけても説得力に欠ける。

　また他にも不安材料がある。仮に先進国が譲歩して資源・エネルギー消費を大幅に削減したとしても、すべての途上国が資源・エネルギー消費を控える政策に同意するとは限らない。途上国、あるいは経済的には豊かになった国であっても、覇権主義的な思想をもった国や、社会モラルや人権意識に欠けている状況下にある国に対しては、先進国の譲歩は地球問題の解決に結びつかず、むしろ国際情勢を混乱させる要因となる。地球環境保全のための南北問題の実際の解決のためには、経済的な問題だけではなく共同体としての地球社会を形成するための意識革命等を含めての対応策が求められる。

4 エコテクノロジー

　国内のローカルなレベルでの環境政策・ビジネス関連の話題としては、国内でのエコテクノロジーに関する開発の話題が挙げられる。

　国内経済は不況が長引き、未来に明るさの見えない状況で国民の不安感が高まっている。その中でIT関連、ナノテクノロジー、遺伝子テクノロジー、そして環境関連ではエコテクノロジー等の分野育成が、今後の日本の経済を支えていく分野であるとして期待されている。特にエコテクノロジーは今後の深刻化していく環境問題に対応する技術であるため、経済成長と環境対策を両立させる理想的な分野であると判断できる。

　しかし、化学物質の規制等に関するノウハウは欧州が圧倒的に先行しており、日本ではせっかくの技術的な芽が、社会的なサポート体制が不備であるために台無しになってしまうことが多々みられる。企業のグローバルな戦略とともに、国内の法的体制の強化等によってエコテクノロジーの競争力を高めることが望まれる。特に知識産業として発展させることが重要になる。

　ただ、エコテクノロジーが地球レベルの環境問題解決策になるのかといえば、必ずしもそうだとはいえない。日本のエコテクノロジーの競争力を高めるということは、エコテクノロジーの分野で日本が他国に打ち勝つことを目指すということになる。南北問題等では経済的先進国における過去の経済活動のあり方に大き

な問題があったことを認めざるを得ないのだが、エコテクノロジーをめぐっても同根の課題が存在する。共通するのは企業の営利主義による競争原理である。国内のある種のテクノロジーの競争力を高める方向性というのは、他国の環境配慮型産業に打ち勝つということ、つまり他国の環境配慮型産業の発展を阻害する方向性を目指すことを意味する。地球レベルでみた場合には、ある国でのエコテクノロジーの発展が、地球全体での環境と経済を両立する方策の決定版とは成り得ないのである。

しかし、国内のローカルな次元での対応策としてはエコテクノロジーに関する種々の取り組みは環境と経済を両立する優れた産業分野として肯定されるべきものである。この両者の違い明確に区別するためにも、地球レベルと国内ローカルレベルでの問題を分けて考える必要がある。

2. 水・大気・土壌関連

水、大気、土壌に関連する地球レベルの環境問題には、地球温暖化、オゾン層の破壊、酸性雨問題、海洋汚染、水不足、途上国の大気汚染等が含まれる。地球温暖化、オゾン層の破壊、酸性雨問題等は多くの人々から地球環境問題の代表的事項として挙げられるものだ。また、海洋汚染も国境が明確ではない海洋での有害物質の拡散という意味で重視される。水不足・砂漠化は日本ではあまり実感を伴わないものであるが、今後の世界的な食料事情を考察する上で、非常に重要な課題であり、現時点でも深刻な様相を呈しつつある。

都市部の大気汚染は本来はローカルな話題として捉えられるものであるが、開発途上国の大気汚染等の都市問題は、その解決策や影響から見て地球レベルの問題として捉えるべきものである。

一方、国内のローカルな次元の問題は、いわゆる公害問題として扱われてきた地域的な水質汚濁、大気汚染、土壌汚染等などが含まれる。しかし、これらの国内のローカルな次元の環境問題は、高度経済成長期の 1950〜1970 年代に大きな問題として取り上げられたもので、すでにピークを過ぎた問題であると判断できる。現在では自動車等の排ガスによる大気汚染を如何にして現状よりも低減するかといったことに注目が集まっている程度である。

以下、地球温暖化、酸性雨、オゾン層破壊、地下水問題について補足的に説明

を加えることとする。

1 地球温暖化

　地球温暖化は、多くの人が地球環境の問題として真っ先に思い浮かべる話題である。二酸化炭素、メタンガス、フロンガスなどは温室効果ガスとよばれ、それらの大気中の割合が高まると地球温暖化に結びつくと考えられている。国連環境計画（UNEP）と世界気象機関（WMO）の共催により設置された気候変動に関する政府間パネル（IPCC）が2001年に「IPCC第3次評価報告書」を、2007年に「IPCC第4次評価報告書」を公表した。第4次評価報告書によると、大気中の二酸化炭素、メタン、一酸化二窒素の濃度が産業革命前よりはるかに高くなっていること、中でも二酸化炭素は人為起源の温室効果ガスの中で最も影響が大きく、その増加は、主に人間による化石燃料の使用が原因であることなどがデータと共に示されている。

　この問題の本質は、地球温暖化が起こるか否かという点ではなく、地球温暖化の程度が問題になるということであり、人間活動の変化によって気候変動にどのように影響するのか、いくつかのシナリオに沿って予測がたてられている。

2 酸性雨

　ガソリンや軽油を燃料とする自動車、石油や石炭を燃焼させてエネルギーを得る発電所や工場等で、燃料の燃焼時に燃料の不純物として含まれる硫黄分や窒素分が酸素と反応し、硫黄酸化物（SO_x）や窒素酸化物（NO_x）が生成し、大気中に放出されることになる。硫黄酸化物や窒素酸化物は、さらに酸化されて強力な酸である硫酸や硝酸に変わる。硫酸や硝酸は雨水に溶け込んで、またはガスやエアロゾルの状態で、そのまま地上に降り注ぎ、土壌や湖沼・河川を酸性にする。

　この酸性雨の影響としては、一般に魚介類への影響、森林への影響、建造物への影響などが考えられる。北欧では湖沼の酸性化によって、タイセイヨウサケやブラウントラウトなどの酸性条件に弱い魚類の姿が見えなくなってしまった。また、ドイツ、チェコ、ポーランドの国境地帯は「黒い三角地帯」と呼ばれるが、そこは硫黄分を多く含む品質の悪い石炭の産地であり、火力発電等により多くの硫黄酸化物を排出してきた。そのため酸性雨問題が表面化し、森林の多くの木が消滅してしまった。また、酸性雨はコンクリート建造中のカルシウムを溶かし出し、空気中の二酸化炭素と反応して白色の炭酸カルシウムとして建造物表面に析

出したり、大理石や銅を溶解したり錆びさせたりする。

その他に、雨水という貴重な資源が台無しになるという点も重要である。雨水は自然の蒸留水である。何も不純物を含まない水は資源としての価値が高く非常に重要なのだが、そこに強い酸性の性質を持たせる化学物質が溶け込んでしまうと、資源としての利用価値が大きく低下する。

3 オゾン層の破壊

一般に「酸素」といわれる酸素分子は酸素原子が2つつながって構成されるが、オゾンは酸素原子が3つつながって構成される分子である。オゾン層とは地球上の約10〜50km上空の成層圏で大気中のオゾンの大部分が存在する部分を指す。太陽光には生物にとって有害な紫外線（UV-B）が含まれているが、オゾン層は太陽光に含まれるこの紫外線の大部分を吸収し、地球上の生物を保護する役割を果たしている。このオゾン層が、人間の放出した化学物質の働きで破壊が進み、有害な紫外線が地上に達する原因となるオゾンホールが生成する。

オゾン層破壊物質としては、特定フロン（フロン11、12、113、114、115）およびその他のCFC（フロン13など）、トリクロロエタン、四塩化炭素などの有機塩素化合物や、特定ハロン（ハロン1211、1301、2402）などの有機臭素化合物が含まれる。これらは安定な化学物質で、そのまま成層圏に上がっていくが、そこで宇宙からの強烈な紫外線を浴びて分解し、活性度の強い塩素原子や臭素原子を放出し、これらがオゾンを分解する反応が連鎖的に起こる。

その対応策として、オゾン破壊物質の使用・排出が規制された。国際的な協調策としてオゾン破壊物質の規制が定められた「オゾン層を破壊する物質に関するモントリオール議定書」が1987年に採択された。そして現在、オゾン層破壊は改善しはじめたとされている。

このオゾン層破壊に関する問題は、国際レベルでの協力体制によって、深刻な地球環境問題に対応できることを示す実例として捉えることができる。オゾン層破壊物質の多くは、工業的に非常に有用なものであり、その規制は関連業界にとっては大ダメージを伴うものであった。しかし、取り返しのつかない地球環境破壊を避けることを第一に考えて、比較的素早い対応策がとられたため、この問題については将来展望が開けたのである。

4 地下水問題

　地球規模でみた場合、淡水は灌漑農業等を支える貴重な資源であるが、現在、その淡水の量的な不足問題が表面化しつつある。特に深刻なのが地下水の帯水層の枯渇で、中国の中央部と北部、インドの北西部と南部、パキスタンの一部地域、米国西部の大部分の地域、北アフリカ、中東、アラビア半島等で問題が深刻化しつつある。

　地下水の帯水層は雨水等で淡水が補給されるタイプと、淡水の補給が少ないため使えばそれだけ地下水が無くなってしまうタイプの2種に分けられる。米国のグレートプレーンズの広大なオガララ帯水層や中国の華北平原にある深層帯水層、北アフリカ、中東、サウジアラビア等の乾燥地帯の帯水層は、淡水の補給がほとんど期待できず、氷河期等の古代多湿気候のもとで蓄えられた地下水で、化石帯水層と呼ばれる。これらの水資源は使えばそのまま消失してしまうので、石油資源等と同様に考えられなければならない。

　一方、雨水等での淡水の供給がある場合は、自然な涵養量と地下水の汲み上げ量との関係で問題の有無が分かれる。インドの海岸に近い地区では、過剰な汲み上げによって淡水帯水層に塩水が浸入するといった問題が表面化している。また地下水位の低下が激しい地区で貧富の差との関連で複雑な問題が生じつつある。地下水位が低下すると、より深い井戸を掘って大型ポンプで汲み上げる対策が採られるが、そのような対策は富裕層のみに可能であって、貧困層は水資源を得ることができなくなる。そして、貧富の差はますます拡大していくことになる。

3. 廃棄物・リサイクル関連

　廃棄物・リサイクル関連では、我々は身近な問題を思い浮かべることが多い。しかし地球レベルの問題としては経済的先進国から開発途上国への有害物質の流出問題が挙げられる。経済的先進国では有害廃棄物の処理に関する規制が厳しく、処理費用も高額となるため、規制の甘い他国に輸送してしまうというものである。有害化学物質等は海洋汚染等を通じて地球全体を汚染するので、自国でいくら規制しても、このような抜け道がある限り問題解決には繋がらない。

　一方、国内ローカルな話題としてはゴミ減量のための行政レベル、個人レベルでの対応策や、廃棄物処分場を巡っての住民運動などが挙げられる。

1 有害廃棄物の越境問題

有害廃棄物の越境問題としてマスコミ等で注目された事件としては、まず北フランスへのダイオキシン汚染土壌をめぐる問題が挙げられる。これは1976年に起こったイタリアのセベソでの農薬工場の爆発事故で発生したダイオキシン汚染土壌の一部が1982年に北フランスで発見されたという事件である。引き続いて1988年には、以下のように多数の事件がマスコミで取り上げられた。

- ノルウェーの企業が米国の有害廃棄物をギニアの無人島に投棄した事件
- コンゴ政府職員が有害廃棄物を受け入れる目的でペーパーカンパニーを作ったとして逮捕される事件
- イタリア業者がナイジェリアにPCBを含む有害廃棄物を投棄し、イタリア政府が回収したが、回収船が本国をはじめ各国で入港を拒否された事件
- シンガポール、米国、日本等からの有害廃棄物がタイのクロントイ港付近に投棄された事件
- イタリアの業者がレバノンに放射性廃棄物を投棄した事件
- イタリアの化学会社の内容不明の廃棄物を積載した貨物船がジブチ、ベネズエラ等で陸揚げを拒否された事件
- 米国フィラデルフィアの一般廃棄物の焼却灰を積載した貨物船が、ハイチをはじめとする各国で受け入れを拒否され、最終的には海洋投棄の疑いがもたれた事件

そこで、有害廃棄物の越境移動による問題に対応するためにOECDおよび国連環境計画（UNEP）で検討が行われた後、1989年に「有害廃棄物の国境を越える移動及びその処分の規制に関するバーゼル条約」が採択された。同条約は改正され、1997年12月31日付でOECDおよびEU加盟国から非加盟国への有害廃棄物の移動が全面禁止された。ただし、再利用を目的とするものの越境移動は、条約上有害な特性を有しないとされる場合には条件付で認められる。

上記のような対策で、一応の歯止めはかけられたのだが、廃棄物ではなく循環資源や中古品として輸出される場合には廃棄物規制の枠外となる。使用できなくなった機器類をそのまま輸出し、輸出先で廃棄すればコスト削減につながるのである。また、輸出された中古品から必要部品を取り出して再利用するというビジネスも途上国で見られるが、従業員の健康問題や地域の環境汚染問題の原因とし

て問題視される傾向にある。

2 リサイクル論争

　一般の学校教育や消費者教育の場面では、ほぼ絶対的にリサイクルが正しいものという前提で環境教育・学習が行われる場合が多いが、その方向性に対して異を唱える意見がある。リサイクルはかえって環境にはマイナスになるので、リサイクルせずに廃棄物は焼却処分してしまう方が良いとする考え方である。また、このリサイクル不要論に対しての問題を指摘する意見もある。リサイクルについて考察する際には、これらの種々の立場を理解しておくことが望まれる。

　リサイクル不要論は、もともと熱力学の概念である「エントロピー」を取り込んで環境問題を考察するという流れの中で生まれたものである。その考え方の基本は「人間が科学技術に頼って何らかの環境改善策を図ると、別の側面で必ずより大きな環境負荷が生まれ、全体として環境は悪化することになる」というものである。原子力発電をはじめとして、太陽エネルギーの利用、生命科学による対応、リサイクルシステムなどを否定する。地球温暖化やその解決策としての二酸化炭素排出規制等についても否定的である。

　全体的な論理展開としては、「江戸時代の生活に戻れ」といった、やや現実離れした方向性を目指しているという問題点はあるが、リサイクルシステムを否定する根拠については説得力のある部分がある。リサイクルしないバージン材料を原料とする場合と、リサイクルした場合とで、投入エネルギーコストはリサイクルした場合のほうが大きいという主張がもとになっている。実際、現在の社会で行われているリサイクルシステムの中には、決して効率の良いシステムとはいえないものも多く含まれているようである。

　さて、このリサイクル否定論に対して異を唱える立場は大きく分けて2つある。そのひとつはリサイクルをほぼ全面的に肯定する立場で、もうひとつはリサイクルの肯定・否定を含めて科学的に取り組もうとする立場である。

　リサイクルを全面的に肯定する立場の者は、現在のリサイクルシステムの運営等に直接的に関わっている人々や、リサイクルを中心とした学習・住民運動に関わっている人々である。いろいろな苦労があって、やっと運営しているリサイクルシステムに無責任な立場から横槍を入れるなという感情的反発が主体になる。しかし、この立場の人たちからは、あまり論理的な反論は聞かれない。

一方、リサイクルに科学的に対応しようとする立場の人々は、一言でリサイクルといっても、現状でかなりうまくいっているもの、改善が望まれるもの、改善しても無理があるので代替案を検討すべきもの等、それぞれのケースについて科学的に考察しようとする。LCA（ライフサイクルアセスメント）といって、商品のライフサイクルについて、原料調達から製造、流通、消費、廃棄に至るライフサイクルを、エネルギーや炭酸ガス排出量等を指標として科学的に評価するための手法等を用い、総合的な環境負荷の低減を目指している。このタイプの考え方にとっては、リサイクルの全面的肯定もさることながら、リサイクルの全面的否定も受け入れることはできない。

リサイクルの是非に関しては、以上のようなさまざまな立場からの意見が乱立している。環境問題対応策として、具体的にどのような方針を支持すべきなのかを考察していく上での有用なモデルケースとして捉えることができる。

4. 資源・エネルギー関連

地球レベルでみた場合の資源・エネルギー問題の中心課題は、資源・エネルギーの枯渇問題であろう。石油をはじめとするエネルギー資源の枯渇危機問題は古くから言われており、その他の鉱物資源も枯渇危機が叫ばれているものが多い。

それらの暗い話題とは逆に、新エネルギーの開発に関する明るい話題もある。太陽エネルギーの利用に関する新技術開発の必要性およびその動向等も地球レベルで注目される話題になっている。

一方、国内ローカルな次元での話題としては、地球次元でのエネルギー開発に直結するが、その開発技術力をどのように高めて日本としての優位性を保つかといった点が重要になる。

また資源確保が困難になっていくことが予測される今後の環境変化の中で、日本として、いかにして安定的に資源・エネルギーを確保するかといった国としての政策にも注目が集まる。日本ではレアアースをめぐって資源の安全保障が見直される機会があった。2010年9月に尖閣諸島付近で中国漁船衝突事件が起こったのだが、その際に中国政府が経済制裁カードとして日本に対してのレアアースの輸出を制限した。その後日本は資源の安全保障策として調達先の多様化やレア

アースを用いない技術開発等に力を入れてきた。現在では廃棄製品中に含まれるレアアースなどの資源を「都市鉱山」と呼び、その利用方法を開発する研究にも注目が集まっている。

◼1 資源・エネルギーの枯渇問題

　資源・エネルギーの枯渇問題は、本来は非常に重要な問題であるはずなのだが、関連する情報や議論はあまり見られない。地球温暖化についての将来予測がいろいろなところで議論されているのだから、資源・エネルギーの枯渇についての将来予測についての議論もあってよいはずだが、それほど見当たらない。なぜであろうか。

　資源・エネルギーの埋蔵量に関するデータが存在しないわけではなく、高度情報科学技術研究機構は、世界エネルギー会議の 2010 年調査報告に基づいて在来資源の埋蔵量として石油：1,630 億トン（1 兆 2,400 億バレル）、天然ガス：186 兆m³、石炭：8,600 億トンを公表している。また可採年数は 2008 年生産量を基準として石油が 41 年、天然ガスが 54 年としている。ただし、これは石油が今後 41 年で、天然ガスが今後 54 年で消失するということを意味するのではない。実は、過去に資源エネルギーの枯渇がいつごろになるのかの点に注目が集まり、人々が危機感を募らせたことがあったのだが、当初提出された予測では、現時点ですでに石油は枯渇していることになっている。たとえば、1972 年発表された「成長の限界」（ローマクラブ）では、石油は 21 年しか持たないと記述されていた。しかし、その後も確認可採埋蔵量は減ることなく、可採年数も短くなることはなかった。地下資源の探索技術や掘削技術が高まれば、確認可採埋蔵量が増大する。そのような状態が続き、可採年数については深刻に受け止める対象にはならなくなってしまった。

　しかし近年になって、石油ピークなどの用語が使われるようになった。これは石油生産量の年次変化をとらえて、生産量が増減からピークを求めるものである。国際エネルギー機関（IEA）は在来石油の生産量が 2006 年にピークを迎えていた可能性が高いとの報告書を発表した。実際には生産量が減少すれば価格が上昇し、より有用な用途以外には使用されなくなるため使用量が減少し、結果的に埋蔵された資源を使い切ってしまうということはありえないことであるが、真剣に資源枯渇について考え、多少経済的に不利になってもリサイクル資源を活用

していくなどの対応策を考えていくべき時代に突入したものと判断できる。
2 新エネルギー開発
　地球温暖化対策として、石油、石炭等の地下資源に頼らないエネルギーが求められている。現在は、太陽エネルギーの直接的および間接的利用として、風力、太陽電池、バイオマス等から得られるエネルギーの利用が有望視されているが、これらの問題点は安定してエネルギーを得にくいということである。そこで、重要になるのがエネルギーの貯蔵方法である。従来は電力供給に余裕のあるときに水を汲み上げてピーク時にその水を利用して発電する揚水式水力発電等が主体であったが、現在は水素の利用に注目が集まっている。電気エネルギーで水を電気分解して水素を生成する手法や、微生物を利用して炭水化物等を分解させて水素を発生させる手法などの技術開発が進められている。

　水素は燃焼させると水になるだけなので、二酸化炭素の発生しないきわめてクリーンなエネルギーとなり得る。また、燃料電池として化学反応を利用する形で用いれば、非常に効率よく電気エネルギーに変換できる。ただし、水素ガスは爆発の危険性があり、実験室等でも最高ランクの危険物として取り扱われるものである。その水素ガスを一般家庭や自家用車等に積み入れてエネルギー源として利用するのならば、安全確保のための革新的な技術開発が必要になる。

5. 有害化学物質関連
　地球次元での有害化学物質問題としては、難分解性の有害化学物質の地球全体への拡散問題が第一に挙げられる。自然の中で分解が困難で、いったん生体内に取り込まれると排出されにくく、食物連鎖を通じて捕食者の生体内に濃縮されていく有害物質で、DDTなどの農薬類、油剤のPCB、そしてゴミ焼却等で発生するダイオキシン類等が挙げられる。そこには環境ホルモン（内分泌攪乱化学物質）としての作用があると認められているものも多く含まれる。そして、ストックホルム条約で国際的に12種の化学物質が規制対象に定められた。

　地球規模でみたこれらの根本的な問題は、国による化学物質の規制等に関する違いがあるという点である。すなわち、経済的な先進国では製造・流通・使用等に厳しい規制がかけられていても、経済的に困窮した国の中にはそれらの規制が緩い、または規制がない状態になっているところもあるのである。これらの物質

残留性有機汚染物質に関する条約で、2001年5月に採択された。「ダーティダズン」と称される12種の物質が対象となった。

製造・使用の原則禁止 　アルドリン（殺虫剤）、ディルドリン（殺虫剤）、エンドリン（殺虫剤）、クロルデン（殺虫剤）、ヘプタクロル（殺虫剤）、トキサフェン（殺虫剤）、マイレックス（防火剤）、ヘキサクロロベンゼン（殺虫剤）、PCB（絶縁油、熱媒体等）
製造・使用の原則制限（マラリア対策のみ許可） 　DDT（殺虫剤）
非意図的生成物の削減・廃絶 　ダイオキシン・ジベンゾフラン、ヘキサクロロベンゼン、PCB

図2-1　ストックホルム条約（POPs条約）

は地球上のどこで放出されても、魚介類等を通じて全世界の人々に被害を与えるのであるから地球次元での問題解決策が求められる。

　一方、国内ローカルな面でも、地球次元での問題ほど深刻ではないが、解決されるべき問題は残されている。その一つが、過去に生産され、現在保管されている有害化学物質の処理に関する問題である。有害物質を保有していた企業が倒産した場合など、その有害物質の保管に目が行き届かなくなり、環境中に垂れ流しになってしまう場合もありうる。

　また経済的先進国、および国内ローカルな話題としては、化学物質のリスク評価に注目が集まる。化学物質のリスク評価というのは、実は化学物質を扱う企業にとっては重要な戦略的要素ともなるので、日本としてもリスク評価に関するノウハウで世界をリードできる力を身につける必要がある。また、これらのリスク評価の考え方は市民レベルでの新たな科学的視点を提供し、総合的に環境問題を捉えるための環境教育にも応用できるものである。

1 開発途上国の問題

　地球規模での有害化学物質の問題を考える場合、開発途上国を巡る問題が重要である。有害化学物質として問題視されているものは、環境中に排出されると分解されにくく、生体内に蓄積し、また食物連鎖を通じて食物連鎖ピラミッドの上位に位置する動物（含人間）の生体内により高濃度に蓄積する性質がある。分解されにくい化学物質はいったん環境中に放出されれば大気の流れによって世界中に拡散したり、回遊性魚類等に食物連鎖で濃縮されるなどして排出場所から遠く

離れた場所の動物に対しても悪影響を及ぼすことになる。よって、世界中のどこで排出されようとも危険性が他地域にも及ぶことになるのである。

経済的先進国では有害化学物質についての規制が厳しくなり、製造・使用・排出が制限されるようになったが、開発途上国では有害化学物質に対する規制が行き届かないところが多くある。それは、先進国では使用禁止になった農薬が経済的問題のため途上国で使用されたり、有害化学物質が他の廃棄物とともに先進国から規制の緩い途上国に流れていったりということが原因になっている。

2 化学物質のリスク評価

従来は化学物質について、有害化学物質とそうではない化学物質に二分する考え方が主体であった。人体への毒性や環境影響を考慮して、有害化学物質は排除する方向に、そうではない化学物質については特に排除の対象とはしないという考え方である。しかし、我々の身の回りで有害性の有無のみで評価しようとすると、無理が生じてくるようになった。

たとえば、ある食品添加物Aの発ガン性を調べると陽性であると出たとする。ただし、それは実験動物に大量に与えた場合の結果である。実際に食品添加物として用いられる量から考えると、危険性はほとんどないと思われるレベルである。その食品添加物を用いることができれば、食品の栄養価の低下や食中毒の危険性を避けることができるなど、非常に有益な面があるとする。さてどのように判断すればよいであろうか。

ここに登場するのが科学的に化学物質のリスクを評価しようという考え方である。たとえば発ガン性であれば、発ガンのリスクを計算する。毎日食して発ガン性に及ぶ人が何人中に1人かを考える。もしも100億人に1人の危険率だとしたならば、それは無視できるレベルだと判断する。100億人に1人の危険性というのは現在生存している世界中の人々の中で1人いるかいないかという確率であり、実質上影響を考慮する必要はない。一方で、食中毒で体調を崩す可能性、そして時には死亡に至る可能性は100億人に1人といった危険性に比較するとずっと高くなる。発ガン性が100億人に1人の危険性ならば、食中毒の危険性を避けるベネフィットを優先すべきである。しかし、発ガンリスクが1,000人に1人や100人に1人といった高いレベルになると、そのような化学物質は許容されなくなる。

このような、リスクとベネフィットを見比べて許容できるか否かを判断するという考え方が広まってきたが、最近では個人の安全性と地球レベルでの環境負荷との関係で考察することが求められるようになってきた。

6. 自然関連

地球レベルでは、まず熱帯林破壊や砂漠化の進行が注目される。プランテーション農園や放牧場の造成のため、また木材伐採等が原因となって引き起こされる熱帯林への破壊行為は地球環境問題の代表的事例として注目される。また森林破壊にも関連するが、砂漠周辺の土地の砂漠化が進行して住民の生活の場が無くなることも問題視されている。

熱帯林の破壊と同様、海洋では珊瑚礁の劇的破壊も問題視される。日本国内では注目される割合が少ないが、珊瑚礁には炭素を固定するという働きと水生生物の生息環境を提供するという重要な役割があり、珊瑚の破壊は熱帯林破壊と同様に非常に重大な意味がある。

その他に地球レベルでは生物種の減少も深刻な問題として取り扱われる。これは熱帯林破壊や珊瑚礁破壊等に直結する問題でもある。生物種の減少は生態系のバランスに深刻なダメージを与える。また今後の科学技術の進歩にも関連し、生物種の減少は将来の子孫にとっての生命科学分野での重要な財産であるDNA資源を破壊することを意味する。

一方、国内ローカルなレベルでは地球レベルで論じられるほどの深刻なダメージを伴うものは見当たらないが、別の側面で非常に重要な意味がある。ローカルな自然問題としては、干潟を巡って保全すべきか開発すべきかの綱引き問題等が注目されるほか、各地での開発に伴う自然の消失が話題となる。現在では自然海岸も大幅に減少してしまったので、その回復措置等にも注目が集まっている。しかし、それよりもむしろ、市民の環境意識や学校での環境教育等に関連しての重要性が大きいと考えられる。精神的な健康面と自然との関係など、これから研究されるべきテーマも数多くある。

■1 鳥類・両生類の危機

生物保護に関する問題は、環境問題の中でも特徴的である。理屈の上から論理的に生物を守るべきだと考えるよりも、その推進力の大部分は感情的な要素が支

配している。しかし、その中でも比較的、理屈としてわかりやすい例として、鳥類と両生類の問題が挙げられる。

　両生類については「ワールドウォッチ研究所地球白書」2001-02版第4章「衰退する両生類からの警告」鳥類については同書2003-04版の第2章「自然と人間とを結びつける鳥類を守る」が参考になる。

　これらの生物は、特に栄養素の循環の中で重要な役割を果たす。たとえば、1つの山の生態系について考えてみよう。山全体に植物が生い茂っているが、少々不思議に感じられるところはないだろうか。植物は太陽光とリン、窒素、カリウム等の栄養素がなければ育たない。長い年月を経て、それらの栄養素は山の頂上から順に雨水に流されて消失してしまうのではないだろうか。農地では人間がせっせと肥料を運び込んでやるが、山ではどうなっているのであろうか。

　また、山中の湖には周辺の山々から栄養素が流れ込んでくるが、栄養素が過多になると富栄養化現象といって、藻類・植物プランクトン等が大量発生して水質を悪化させてしまう。水中に流れ込んだ栄養素を山に返してやる仕組みはないのだろうか。

　これらの山頂に木が育っている現象や、山中の湖をきれいにする仕組みの中で、両生類や鳥類が大きな役割を果たす。両生類は水中の栄養素を直接陸上に循環させるという役割を担っている。両生類の代表であるカエルは、水中で藻類などから摂取した栄養素を蓄えて成長し、陸上に移動した後、爬虫類、鳥類等、種々の動物の栄養源となる。つまり水中から陸上への栄養素の循環に寄与しているのである。しかし両生類は、水中と陸上、両方の環境影響を受け、どちらか一方の環境が悪化すれば絶滅に向かうので、環境変動に弱いという一面を持っている。現在、世界中で、この両生類が激減しているとの報告がある。

　鳥類は、種々の栄養源を摂取して、山の木々で排泄し、排泄物の中に含まれた栄養素を山に返してやる重要な役割を演じる。その他に、害虫を駆除してくれる役割、植物の種子を遠くまで運ぶ役割も担っている。しばしば、都市部等での鳥類の糞による害が伝えられるが、これも多くは都市開発に起因した現象である。都市開発により鳥類の住みかが激減し、天敵もいなくなり、限られた種類の大量の鳥類が特定箇所に集中するようになったことが原因なのである。本来の鳥類の役割は、環境中の栄養循環に関して非常に重要なものなのである。この鳥類は生

息地が人類によって開拓されて奪われるほか、有害な農薬の摂取、散弾銃の鉛摂取などで減少している。

実は、生態系は正確に把握しようとすると、上記のような「両生類と鳥類が重要」といった単純な図式で表せるものではないのだが、いろいろな繋がりがあることを理解するための代表的事例として両生類と鳥類を位置づけることができるであろう。

❷自然と環境教育・環境学習

現在、行われている環境教育の大部分は、自然環境に関連付けた環境教育である。現在のライフスタイルや社会経済活動を根本的に見直して、環境負荷の少ないものへ転換することを目的として、以下のような事業が推進されている。

- ・こどもエコクラブ事業
- ・子どもパークレンジャー事業
- ・環境カウンセラー登録制度
- ・地球環境パートナーシッププラザ

上記のように、環境教育・環境学習では自然とのふれあいが中心的に扱われている。地球の中で人類が他の生物と調和を保っていくことの大切さを伝えることを最大の目標としているからである。

しかし、そこには大きな課題がある。自然とのふれあいも大切だが、これらの教育は、感情面に訴える教育が主体になっている。実際、それらの教育によって、科学技術文明に頼った人類の活動を反省する心を育てるなどの成果が得られてきたことは確かであろうが、それはあくまで情緒的な側面での効果が主体になっている。

これらの教育に期待される具体的な効果は、児童・生徒に家庭レベルの省資源・省エネルギーの工夫や動植物に対して生命を尊重する気持ちを身につけることや、社会的レベルでは科学技術に頼った大量生産・大量消費社会に対して反省する視点を身につけることなどである。しかし、それらの教育効果は、環境対応策として求められる要素の一面にしかすぎない。

実際の環境対応のためには、人間活動に対する反省だけでは不足しており、種々の矛盾を含む問題を整理するバランス感覚が求められるのである。あちらを立てればこちらが立たずという、利害関係が複雑に絡み合う問題を整理して、最

も望ましい方向性を探る情報処理能力が求められるのである。しかし、それらの方向性を目指した教育は、残念ながらほとんど手がつけられてこなかった。そのため、現在の環境教育は、人間の科学技術や資本主義社会体制等を批判的に見る目を養うばかりで、実際の経済体制の中での具体的で有効な方策を考えていくための動機付けや能力養成には直接的には結びつきにくくなっている。

自然とのふれあいを通した情緒的教育も重要な内容であるが、もう一方の環境に関する論理的思考を養う教育も重視されるべきだ。後者を抜きにして自然とのふれあい教育ばかりを前面に押し出しては、環境教育は実社会と乖離してしまうことにもなりかねない。

III 環境問題の相互の関連性

表2-1で示した分類体系は環境問題の全体像を把握するのに役立つ。分類体系に沿って、それぞれどのような問題があるのかと考えること自体に意味がある。上記のように設定した分類体系に沿って、本書で設定した各項目、また各項目に関する本書の説明文をチェックして、読者の考察に役立ててもらいたい。丸暗記する必要など毛頭ない。考えるプロセスが重要なのである。

実際、環境問題にはどのような問題が含まれるのか漠然と考えるよりも、ここで示した体系に従って内容を考えていけば、それだけ幅広く考えることが可能となり、多様で複雑な環境問題の全体像を把握しやすくなるものと考える。

これらの複雑な環境問題の解決策は、ある方向性が正しく、その逆は間違いであるという単純な図式で表されるものではない。バランスを考えていくことが求められる。そのためにはローカルなレベルと共に地球レベルでも物事を捉え、その両者の要求が仮に対立関係にあるとしても、双方の利害関係のバランスを考慮して判断することが求められる。そのバランス型思考を身につける上で必要とされる全体像把握に、今回の分類体系は役立つのである。

ただし、これらの分類体系を利用する上で注意する点がある。それは、情報を分類することによって、それぞれが独立した問題であるかのように錯覚してしまわないようにすることである。環境問題は相互に作用し、環境問題の本質は、それぞれの事象というよりは、むしろそのネットワーク的な繋がりにあるとする考

図 2-2 環境問題の関連

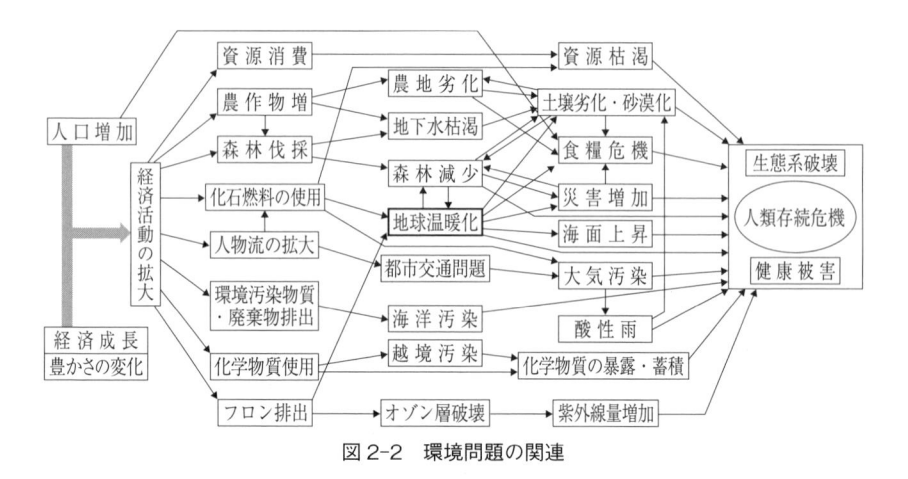

え方も可能である。

　図 2-2 は、平成 13 年版「環境白書」（p.11）中で示されたものだが、たとえば食糧危機については土壌劣化・砂漠化、農地劣化、地球温暖化、災害増加、人口増加などが原因となっており、それらの原因にもまたさまざまな原因があることがわかる。単純に分類してしまうという観点では、全体像を把握することが困難になる。よって、環境問題の諸相には、必ず他に影響を受ける、影響を与えるという複雑な因果関係のあることを忘れてはならない。

　そうかといって、環境問題を分類することを否定してしまっては、環境問題の全体像を理解することが著しく困難になる。分類の概念がなければ全体像を把握することが難しくなるので、結局は相互の関連性を考えるというステップまで到達できなくなる。分類することによる注意点を把握した上で、分類の概念を活用することが望まれる。

第3章
環境情報の収集・整理法

I 高度情報社会の情報収集・整理の考え方

　第2章で説明したように、社会が高度情報化するに伴って、個人個人を取り巻く情報量が著しく増大し、また「情報の商品化」と表現されるような情報の価値の向上という変化が生じてきた。しかし、これらの変化に私たち個々人、そして社会全体としてほとんど対応できていないというのが実情である。ここでは、環境情報学として環境情報の収集・整理について考えていくための第一歩として、社会の高度情報化に向けて我々はどのように対応していくべきなのかという点について考えてみよう。

1 情報量の増大に関して

　まず、情報量の増大に関連する対応策について考える。私たちを取り巻く情報はプライベートな側面、仕事等の公的側面を含めて著しく増大してきた。そして、必要とする書類をすぐさま取り出せる者と、書類を探すのに数時間かけるなど、モノ探しが日課のようになってしまっている者、はたまた必要な書類をよく紛失してしまい周りから信頼感を失ってしまう者まで、書類の整理一つをとってもうまくできる人とできない人の差は歴然としている。この整理能力は仕事のできる・できないかを決定する大きな要素なのだが、その整理方法について学校教育の中で取り上げられることはほとんどなかった。教えることではなく、個々人の性格的なものとして捉えられてきたという面が強いであろう。

　その代わりに、学校教育では頭の中に暗記することが重視されてきた。実際の多くの仕事の場面では、暗記せずとも必要とする情報を素早く取り出せればよいのであるが、とにかく頭の中に暗記することが学校教育の中では求められてきた。そのため、定期試験や入学試験の際には、暗記すべき事項を手早く取り出すことのできる多機能型携帯電話の持ち込みなどに神経をとがらせなければならな

くなった。しかし、実際の仕事の現場では、携帯電話でもパソコンでも周辺の情報環境を駆使して、必要とする情報を素早く正確に取り出すことができることが優れた作業効果に結びつく。

　実際、我々を取り巻く情報量は暗記できる範囲を超えている。頭の中に一言一句正確に覚えておくべき事柄は最小限にとどめて、およその特徴や関連づけの指標を頭の中に蓄え、それらの情報を頼りに、すぐさま取り出せるように身の回りに情報を整理する姿勢が求められる。歴史の年代を覚えるのが得意でも、重要な書類を紛失しやすい者は、高度情報社会では能力が低いと判断されてしまうのである。

　漢字を覚え、英単語を覚え、数学の公式や化学記号などを覚えるのと比較して決して劣らない程度に情報整理は重視されるべきで、今後は学校教育等でも教育対象に取り上げられる必要が生じるだろう。高度情報社会では情報整理能力が従来の文書の読み書きと同レベルの実際的な重要性を有すると考えられるからである。

2 情報の価値の向上に関して

　従来はモノの付属品としてしか捉えられてこなかった情報が価値を有するようになったというのが高度情報社会の大きな特徴である。しかし、CDや書籍の違法コピーがさほどの罪悪感なく行われる状況から、情報に関する価値観が、本来あるべき状態よりも、まだまだ低い位置にあるといわざるを得ない。一方で、我々は劣悪な情報に対してそれほど抵抗を感じることがない。購入した菓子に虫が混入していたりした場合、また購入した家電品に少し傷が付いていた場合には、メーカーや販売店に文句を言う場合も多く、少なくとも消費者として生産者に対する責任を問いたく感じるであろう。しかし、購入した雑誌や書籍などの情報に、明らかなウソやデタラメが含まれていたとしても、不良情報であるとしてクレームを入れるようなことはまずないであろう。我々は情報に関しては、大変寛容なのである。

　情報に高い価値を感じていないがゆえに、自ら情報に関する第三者の権利を侵害する行為に及び、また不良情報に対する怒りも感じないという状況である。その結果、現在は不良情報にあふれかえった情報環境になってしまっている。インターネット上など、詐欺商法やわいせつ商法に直結するもの、またはコン

ピュータウィルスに関連する破壊的行為などを除くと、情報発信に関するリスクは少なく、根拠のない非科学的情報や非論理的な情報を発信したところで後々にそれほど困ることはない。しかし、本来は情報発信者として当然備えておくべき知識なく誤情報を発信する行為は、要求されるレベルの安全性試験を実施しないで危険な商品を販売するのと同様に消費者の権利を踏みにじる行為なのである。

　我々は、社会の高度情報化とともに、情報の価値が高まったことを認識し、自ら情報に関する第三者の権利を踏みにじることのないように心がけるとともに、不適切な誤情報に対して情報の消費者としての怒りを感じるようにならなければならない。

　しかし実際には学校教育の中の「情報」関連の内容は、コンピュータの扱い方等を中心としたもので、せいぜいインターネットによる情報検索を取り上げる程度である。しかも、情報の信憑性等について判断するといった、本来望まれるレベルの内容が扱われることはほとんどない。今、第一に求められる情報教育は、情報の価値観を備え付けて、高度情報社会に対応する姿勢を身につけることなのである。

　そして、不適切でレベルの低い情報を排除するように働きかけ、より質の高い情報が流通する環境を整備することが望まれる。そのような情報環境を手に入れることができたなら、環境問題対策の一手段としてインターネット等の情報媒体は極めて有力なツールになり得るだろう。

II　情報収集・整理の一般的手順

1. 目的の確認

　社会の高度情報化に伴う情報量の増大と情報の価値の向上に対応した情報への接し方の具体的な内容の第一歩として、情報の収集の手順について考えていきたい。情報収集は一般に、「目的の確認 → 情報源選択 → 情報収集作業 → 情報整理」の手順に従って行われる。では、それぞれの段階について説明しよう。

　まず情報収集の第一歩は、その情報収集の目的を明確にすることである。では、実際の情報収集の場面としてどのような状況が想定されるだろうか。以下に環境情報を収集する場面を思い描いてみよう。

1 一般的事項を調べる

環境問題に関する一般的な事項を調べる場面である。学校の授業の課題等に対応するために百科事典等を利用して調べ学習をするといった場面が代表的であろう。近年ではインターネットによる検索サイトから容易に関連情報を収集することができるようになった。

2 客観的データを得る

環境問題に関連する客観的なデータを得るために環境情報にアクセスする場合がある。ある地域の気温や雨量の変化、化学物質の毒性データ等、論文やレポート等で何らかの主張を展開する際の根拠として要求される情報である。

3 種々の考え方を学ぶ

環境問題に関連した考え方を学ぶために情報を収集する場合もある。賛否両論が対立する話題に関する種々の考え方を知りたい場合、あるデータの読み方の参考となる意見を知りたい場合、そしてオリジナルな発案のための基礎資料を収集したい場合などが相当する。たとえば、捕鯨に賛成するか否か、原子力発電に賛成するか否かといった、何らかの政策に対する賛否を考えるといった場面がこれにあたる。

このように、情報収集といっても、その目的にはいろいろなパターンが存在し、また目的に応じた情報収集方法がある。情報収集の失敗パターンは、情報収集を行う最中に当初の目的が頭から離れてしまう、最初から目的を定めないままで情報収集作業に取り組んだために的外れの情報を収集してしまう、または情報が収集できないなど、無駄に時間と労力を費やしてしまうというものである。

情報収集に関する能力は、より短時間に当初の目的に合致した適切な分量の情報を収集することができる能力である。作業を効率的に進めるためには目的を明確にしておくことが非常に重要なのである。

2. 情報源の選択

情報収集の目的が定まれば、次には情報源の選択に移る。先に示した3つの目的に応じた情報源選択方法を考えてみよう。

❶一般的事項を調べる

　一般的な事項を調べる場合、図書館で百科事典を調べる、あるいはインターネットの検索サイトで所定のキーワードを設定して関連サイトを探し出す等の作業を行う。特に注意すべき点は、インターネットで調べる際には、必ず複数のサイトから情報を収集することである。活字になった情報は信頼されやすいのだが、インターネット上では井戸端会議のレベル、キャッチセールスのレベルのものまで区別無く文字になっている。親切心から情報を提供しようとして運営されている個人のサイト等もあるが、誤情報が含まれている可能性がかなり高いため、一歩立ち止まって信頼性をチェックする必要がある。

❷客観的データを得る

　目的が客観的データを得ることである場合には環境省、国連、地方自治体等の公的機関から発信された情報が優先される。発信元の信頼性が確認できない場合でも、そのデータの出典が明記されていれば信頼性が高まるであろう。ある商品の販売促進を目的とした宣伝情報の中のデータは、そのまま鵜呑みにすることは控えた方がよい。

❸種々の考え方を学ぶ

　公的立場から優劣の判断を下しにくい考え方に関する情報は、公的機関の情報源からは得られ難い。基本的に個人単位、グループ単位の考え方が対象になるので、インターネット上の掲示板などが役立つ。ただし、不特定多数の人々をある考え方に誘導しようとする活動にもネット掲示板は利用されているため、情報収集時点で何らかのバイアスを形成してしまわぬように自己チェックしながら情報収集に取り組むべきである。

　専門的な情報と一般的な情報を比べると、一般的な情報は正確さに問題のあるものが多く含まれる。考え方を参考にするのはよいのだが、そこに記載されたデータ等をそのまま信頼すべきではない。

3. 情報収集・整理

　書籍、新聞、雑誌、インターネット等から情報を収集する。テレビ番組では日時や番組名を、インタビュー等で得た情報では、いつ、どこで、誰からどのような場面で入手した情報なのかといったことを記録しておくことが重要である。

情報収集で注意すべき点として、複写に関する事項が挙げられる。書籍、新聞、雑誌等の複写は図書館等で正式の手続きに従って行えば問題ないが、個人の所有する書籍の複写物を第三者に提供するといった行為は、金銭のやりとりがある場合はもちろん、金銭のやりとりがない場合でも法的に問題になる。また、著作物の複写物を複写する行為も法的に問題になる場合が多いので避けるべきである。

インターネット上の情報も、ファイルとして個人的に保管しておくのはほとんどの場合許容されるが、そのファイルのすべて、または一部を自分の著作物として利用することは著作権に関する違法行為となる場合が多いので避けるべきである。

収集した情報は利用しやすい形で整理する。その際、各情報の出典を明確にしておくことが重要だ。書籍の複写物の場合、その複写物に著者、書籍名、発行年、また入手した図書館、複写した年月日等を記しておく。最終的に書籍情報を利用する場合などは、その出典を明記することが求められる。せっかくの貴重な情報が載っている複写物を所有していても、どの書籍から複写したものかが分からなければ利用できなくなる。普段から上記のように書籍等の複写を行う場合には、その出典等を記入しておく習慣をつけておきたいものである。

またインターネット上の情報に関しては、いつ変更されるか、または消失してしまうかわからないという点にも注意が必要である。WEBのデータを出典として利用する場合は、基本的に当該データのコピーを保存しておくとともに、URLとデータを入手した年月日も整理しておくことが望まれる。

例えば大学の授業でのレポート課題等において、客観的データや出典が明記さ

表 3-1　情報源別の記録項目

情報源	記録事項
書　籍	著者、書籍タイトル、出版社、発行年、関連事項の記載されたページ
雑誌等	著者、雑誌名、巻、号、年、ページ
新聞記事	新聞紙名、全国・地方版、見出し、年月日、何面
WEBページ	URL、情報発信者、記録年月日

※後日、当該情報を容易に入手できる情報を記載しておく。

れていないものは、単なる感想文的な価値の低いものと見なされる。環境や安全に関連する情報をまとめる際には出典を明記することが必須条件になる。論理的に物事を説明する際には「根拠」を示すことが求められるためである。

Ⅲ 環境情報の具体的収集法

1. 基盤書籍

情報収集・整理の基本的事項についてみてきたが、続いて環境情報を収集する際の具体的な方法についてみていくこととする。まず、環境情報を収集する際に役立つ書籍の中で、特に基本となる「環境白書」と「地球白書」を紹介したいと思う。

❶環境白書

環境省（旧環境庁）が毎年発行する白書。国内の環境情報の最高峰に位置づけられる書籍で、信頼性の高い貴重なデータの宝庫である。2007年からは「循環型社会白書」と、2009年からは「生物多様性白書」と合本になった。環境省のホームページでも環境白書の内容を公開している。

内容は、当該年度で重点を置く事項に関する総説と、前年度に調査された環境の状況に関する年次報告、そして当該年度に講じられる予定の施策から構成されている。その年度ごとに特徴があるのは総説であり、最近では表3-2の目次構成になっている。

表3-2 環境白書第1部総説の目次

平成16年版
広がれ環境のわざと心・環境革命の時代へ 　第1章　くらしを彩る「環境のわざ」 　第2章　くらしを深める「環境の心」 　第3章　日本で、そして世界へ
平成17年版
脱温暖化－"人"と"しくみ"づくりで築く新時代 　第1章　京都議定書で地球の未来を拓く 　第2章　社会に広がる環境の国づくり 　第3章　新時代を築く「人」と「しくみ」づくり～そして「珠」づくりへ

平成18年版
1　人口減少と環境 　　第1章　人口減少時代の環境 　　第2章　人口減少に対応した持続可能な社会づくり 2　環境問題の原点　水俣病の50年
平成19年版
1　進行する地球温暖化と対策技術 　　第1章　進行する地球温暖化 　　第2章　地球温暖化と生物多様性 　　第3章　地球温暖化対策を進める技術 2　我が国の循環型社会づくりを支える技術－3R・廃棄物処理技術の発展と変遷－
平成20年版
1　低炭素社会の構築に向け転換期を迎えた世界と我が国の取組 　　第1章　すべての国が力を合わせて取り組む地球温暖化対策 　　第2章　低炭素社会の構築に向けて歩む世界の潮流 　　第3章　低炭素社会の構築に向けた我が国の取組と国際貢献 2　循環型社会の構築に向け転換期を迎えた世界と我が国の取組
平成21年版
地球環境の健全な一部となる経済への転換 　　第1章　地球とわが国の環境の現状 　　第2章　内外の人間活動とその環境への影響 　　第3章　環境の世紀を歩む道筋
平成22年版
序　章　地球の行方－世界はどこに向かっているのか、日本はどういう状況か－ 第1章　地球とわが国の環境の現状 第2章　地球温暖化にいち早く対応する現在世代の責任－チャレンジ25－ 第3章　生物多様性の危機と私たちの暮らし－未来につなぐ地球のいのち－ 第4章　水の星地球－美しい水を将来へ－ 第5章　環境産業が牽引する新しい経済社会－グリーン・イノベーションによる新たな成長－
平成23年版
第1部　総合的な施策等に関する報告 　　第1章　持続可能性と豊かさ 　　第2章　地球と人との確かなつながり 　　第3章　地球のいのちを未来につなぐ 　　第4章　持続可能な社会の実現に向けた日本の貢献 　　第5章　東日本大震災からの復興に向けて
平成24年版
序　「粋」が紡ぐ未来 第1章　地球と我が国の現状 第2章　東日本大震災及び原子力発電所における事故への対応 第3章　元気で豊かな地域社会づくり 第4章　世界をリードするグリーン成長国家の実現に向けて

主な中心的課題を拾ってみると、平成16年は「環境のわざと心」、平成17年は「脱温暖化」、平成18年度は「人口減少」、平成19年度は「地球温暖と循環型社会」、平成20年度は「低炭素社会」、平成21年度は「環境と人間活動」、平成22年は「地球の行方」、平成23年は「持続可能性」、平成24年は「絆」となる。
　また、年度ごとの環境省の計画と報告では、①低炭素社会の構築、②生物多様性の保全および持続可能な利用、③循環型社会の構築に向けて、④大気環境、水環境、土壌環境等の保全、⑤化学物質の環境リスクの評価・管理、⑥各種施策の基盤、各主体の参加および国際協力に係る施策、という構成（平成23・24年度）、またはこれに近い構成になっている。
　毎年、豊富な内容が詰め込まれているので読破しようとすると、少々息苦しい思いをするかもしれないが、上記のような構成であることを念頭に置いて必要とする部分から順次接していくと利用しやすくなるだろう。

2 地球白書

　ワールドウォッチ研究所が毎年発行する地球環境に関する白書。ワールドウォッチ研究所はレスター・R・ブラウンが所長を務めていたが、2000年にクリストファー・フレイヴィンが所長を引き継ぎ、「地球白書」の編集者も2002年版からクリストファー・フレイヴィンにバトンタッチされた。
　地球白書は影響力や信頼性が準公的レベルとして捉えることができる。特に経済的開発途上国の問題についての記述は非常に幅広く奥行きのある内容であり、女性の地位向上が環境問題対策の処方箋になるといったジェンダーに関する記述にも特徴がある。経済関連では、環境に配慮した社会への変革が経済を立て直す

表3-3　地球白書目次

地球白書 2006-07
第1章　中国・インド－地球の未来を握る新超大国
第2章　BSE－鳥インフルエンザ－工場式畜産の実態
第3章　川と湖－生態系を守ることが水を守る
第4章　バイオ燃料－再生可能な石油代替エネルギーを開発する
第5章　ナノテクノロジー－夢の技術の開発は市民権を得てから
第6章　水銀－地球規模の拡散を防ぐための提案
第7章　災害－不幸なインパクトを和平交渉の好機に変える
第8章　WTO－貿易と持続可能な開発を調和させるための改革を
第9章　中国－NGOを中心に環境市民社会を育成する
第10章　CSR・NGO・SRI－環境の世紀にふさわしい企業を目指して

地球白書 2007-08
- 第1章　持続可能な都市をつくる－21世紀の人類の試練
- 第2章　衛生革命－きれいな水と女性が安心できるトイレを
- 第3章　都市農業－食料と環境と生きがいのために
- 第4章　公共交通都市－クルマ依存から「歩きやすい街」へ
- 第5章　エネルギー自給都市－再生可能への転換と効率改善
- 第6章　防災都市－人命と財産を守る都市づくり
- 第7章　公衆衛生都市－安全で健康に暮らせる都市づくり
- 第8章　地域経済主義－グローバル化から経済を取り戻す
- 第9章　貧困や環境的差別との闘い－都市空間を公平にする

地球白書 2008-09
- 第1章　持続可能な経済を育てる
- 第2章　「真の進歩」のための新たなボトムライン
- 第3章　生産を見直し、資源効率を高める
- 第4章　持続可能なライフスタイルに転換する
- 第5章　肉と魚－もっとも環境への負荷の大きい食材
- 第6章　低炭素経済を構築する
- 第7章　排出量取引市場を発展させる
- 第8章　持続可能な経済における水資源
- 第9章　生物多様性バンキングシステムを構築する
- 第10章　コモンズのパラレルエコノミー
- 第11章　コミュニティを活かして持続可能な世界を目指す
- 第12章　人々の意志と行動力を活かす
- 第13章　持続可能な経済の確立に向けて投資する
- 第14章　貿易ガヴァナンスへの新たなアプローチ

地球白書 2009-10
特集　地球温暖化抑制
- 第1章　人類文明の存続に「不都合な真実：温暖化」
- 第2章　温暖化を「安全な」レベルに抑制する
- 第3章　農林業を環境保全型に転換して「地球を冷やす」
- 第4章　再生可能エネルギーへの確固たる変換
- 第5章　生態系と世界の人々の暮しを守る対応策
- 第6章　敵国のない「世界気候戦争」における協闘体制

地球白書 2010-11
- 序章　「大量消費の文化」を変革する
- 第1章　伝統を再評価して「持続可能性」の構築に活かす
- 第2章　教育に期待される「持続可能性」への貢献
- 第3章　「持続可能性」を目指す社会経済の優先順位
- 第4章　「持続可能性」の構築における政府の役割
- 第5章　「持続可能性」の構築におけるメディアの役割
- 第6章　市民運動の力で「持続可能性の文化」を確立する

地球白書 2011-12
第 1 章　飢餓のない世界を築くための展望
第 2 章　エコアグリカルチャーを農業の主流に
第 3 章　野菜の栄養的・経済的可能性を活かす
第 4 章　農業における水生産性を改善する
第 5 章　農業の研究開発を農業者が主導する
第 6 章　アフリカが直面する「土壌の地力喪失」と「大飢饉」
第 7 章　地場の農業資源と食料の多様性を守る
第 8 章　気候変動に対するレジリアンスを構築する
第 9 章　ポストハーベスト・ロス－食料不足問題のもうひとつの核心
第 10 章　増大する都市人口の食料を支える都市農業
第 11 章　女性農業者の知識と技術を活かす
第 12 章　アフリカで展開される「海外勢力」による農地争奪と農業投資
第 13 章　農産物の増産に留まらず、バリュー・チェーンを強化する
第 14 章　畜産改革によって、食料生産を改革してゆく
第 15 章　生態系保全と食料生産を両立させてゆくための改革

とする、やや楽観的とも思える主張が展開されるが、水素エネルギー政策等、最近の動向を知る指針にもなる。地球環境問題に関するパーソナルなアンテナ媒体としても非常に役立つ。

2. インターネットの利用

❶基本的注意点

　現在その情報環境が充実しつつあるインターネットは情報を探索する上で非常に役立つ環境を提供してくれる。非常に便利だが、問題点も多く含まれる。最大の問題は、現在普及しつつある現在進行形の媒体であるがゆえに、その問題点の予測がつかず、対応が後手後手に回らざるを得ないという点であろう。

　まず重要な点は、インターネット上で得られる情報とは、パソコンに組み込まれた辞書とは異なるということをしっかりと理解することである。辞書は著者と出版社がその内容に責任をもって発行しているもので、重大な間違いがあれば、それらの著者や出版社に責任が問われることになる。しかし、インターネット上の情報では、そのような責任の所在が明確になっている情報はごく一部であり、大部分の情報はその内容にしっかりと責任をもつべき人物が存在しない、匿名、あるいは匿名に近い立場から発せられた無責任な情報である。検索サイトを利用するときなど、キーワードを入力して探し出される情報は、あたかも電子辞書と同様の雰囲気を感じるかもしれないが、まったく異なるものである。

上記の注意点をしっかりと心に留めた上で、便利なインターネット環境を有効に活用することが望まれる。まずは、責任の所在がはっきりとしているサイトの情報を優先的に探索し、信頼性に疑問の持たれる情報の場合にはできるだけ多数の情報に接触することが望まれる。特に、ある商品に関する良否に関する情報などは、必ず賛否両面からの情報を収集し、意見の偏りについてのチェックを心掛ける必要がある。

2 環境関連サイト

上記のように、インターネットを利用する上では責任の所在の明確な情報源を最優先する必要がある。ここでは、責任の所在が明確な環境情報サイトを中心に、いくつか紹介してみよう。

環境省ホームページ http://www.env.go.jp 　環境省の公的ホームページである。環境法令、環境基準、や昭和44年以降の環境白書の全文、その他行政資料、各種報告書などの情報が掲載されている。環境学習に役立つ、子ども用のコーナーもある。また、「環境関連リンク集」のページからは、環境省・関連組織、地方公共団体の環境関連部局、また海外の環境関連サイト等へリンクでいくことができる。

資源エネルギー庁 http://www.enecho.meti.go.jp 　経済産業省資源エネルギー庁の公的ホームページで、資源とエネルギー関連の情報を発信している。Q&Aコーナーでは国としての公的な見解が説明されている。

インターネット自然研究所 http://www.sizenken.biodic.go.jp 　環境省が環境教育・学習に役立つ自然環境に関する情報を提供するサイト。

地方自治体のページ 　東京都、三重県をはじめとして、各地方自治体の環境関連部局が優れた情報提供を行っている。環境法令・条例・要綱・指針等、各地域の大気、水質、化学物質関連のモニタリングデータや、自治体で発行している環境白書の文書情報、各種環境問題に関する解説、子ども用の学習コーナーなどが含まれている。

EICネット http://www.eic.or.jp 　一般財団法人の環境情報センターが運用する環境教育・環境保全活動を促進するための環境情報・交流ネットワークである。国内外の環境関連の最新ニュースがまとめられており、環境関連の時事的情報を得るのに非常に役立つ。各種環境問題についてわかりやすい解説が特徴

的で、環境問題に関する自由投稿型のQ＆Aコーナーや児童用・生徒用の学習ページもある。

　ただし、専任スタッフではない外部からの協力を得て作成しているページが多く含まれるので、特徴のある意見に巡り会える機会が多い反面、信頼性に疑問のもたれる情報も含まれている。特に自由投稿型のQ＆Aコーナー等は、一般人同士の交流サイトとしての色彩が強く、あまり信頼性のない情報も含まれている。環境関連リンクも運営母体が責任をもって選択したリンク先ではない。そういった点に注意すれば、多様な環境情報が得られる貴重な情報源となる。

　国立環境研究所　http://www.nies.go.jp　独立行政法人国立環境研究所のサイトで、環境関連のオリジナルなデータベースが特徴的である。地球環境関連では日本の温室効果ガス排出量、紫外線の強さなど、健康・化学物質関連では、化学物質データベース、環境ホルモンデータベースなど、他に大気汚染の監視データなど、多数のデータベースを利用することができる。

　資源・リサイクル促進センター　http://www.cjc.or.jp　社団法人産業環境管理協会の資源・リサイクル促進センターが運営するホームページで、3Rに関する学習ページや3Rに関する情報を提供しているサイト。

　海外のサイト　下記のサイトをはじめとして、多数の情報源がある。

　・国連環境計画　http://www.unep.org

　・米国環境省　http://www.epa.gov

　・欧州環境機関　http://www.eea.europa.eu

　環境goo　http://eco.goo.ne.jp　ネットワークを活用して環境ビジネス、環境教育、環境保全活動等の推進に貢献することを目的としたサイトである。公的機関ではないが、優れた環境情報を発信している。

3 総合サイト・一般的検索サイト

　インターネットの情報検索は、一般には関連するキーワードを入力して関連情報を探索する検索サイトを用いるのが一般的である。この検索サイトとしてはGoogleやYahoo!などのサイトがある。また種々の検索サイトを含めたメタ検索サイト（「検索デスク」http://www.searchdesk.com/など）もある。WEB検索、サイト検索、知識検索、アーカイブ（URL）、ニュース検索等のページへのリンク、または複数サイトを横断しての検索も可能になっている。

インターネットでの検索の課題は、これらの検索サイトをいかに効率よく利用するかという点である。案外見落としがちであるが、検索サイトの利用法について目を通しておくことで非常に効率よく検索できるようになる。絞り込み検索や詳細検索など、非常に利用価値の高いオプションが準備されているので利用すると良い。

4 書籍情報検索サイト

現時点でもすでにインターネット上から多量の環境情報を入手することが可能になっているが、情報発信者の責任を明確にした情報源はインターネット上では比較的少数派だ。信頼性や情報の責任の所在を考慮した場合には、まだまだ書籍が情報源として中心的な役割を果たす。書籍として販売可能な情報をインターネット上で公開しても、情報発信者には適正な見返りが期待できないという事情があるためだ。同一内容の情報であっても、書籍で発表した場合には印税等の経済的なリターンもあり、印刷物は研究者や評論家等にとっての業績と見なされるが、ホームページで公開しても業績として認められることはあまりない。すなわち、書籍で発表できる立場の者は、インターネットよりも書籍を情報媒体として重視することになる。

よって環境情報に関しては、まだまだ書籍情報が重要な役割を果たすが、その書籍に関する情報を得るのにインターネットが非常に重要な役割を果たす。以下、インターネットを通じて書籍情報を得るための手法について説明する。

書籍情報を得るのに役立つサイトは、図書館サイト、書店サイト、そして書籍に関する情報交換を行うことのできるサイト等が挙げられる。最近の図書館サイトは蔵書検索が実行できるようになっており、複数の図書館の検索サイトを横断して検索できるサイトもある。書店サイトは大型書店やインターネット上の仮想書店を中心に運営されており、インターネット上で書籍注文を行うことができるシステムになっている。大部分のサイトでキーワードによって発売されている書籍の情報を得ることができ、たとえば「環境ホルモン」関連の書籍が何年に何種類発行されたか等を調査する際に役立つデータが入手できる。最近は、古本に関するサイトも増え、絶版になった書籍の入手などにも有用だ。

Ⅳ　環境情報の論点別整理法

1. 基本姿勢

　環境問題は、その原因と結果が理化学的に扱われる現象である一方で、国、業界、地域または個人単位での利害関係が絡む複雑性を有していることが特徴だ。特に論争に発展する環境問題では、利害関係で対立する立場の者の間で、自分に有利な情報を一方的に広めて優位性を得ようとする方策がとられる場合が多い。実は、環境情報に関する大きな課題の一つに、このような情報操作に対抗できる社会情報システムを構築することが挙げられる。基本的には情報の受け手が一方的な情報に左右されない「賢さ」を身につけることが重要となる。

　情報を武器に用いる戦略は人間社会の形成された遥か昔からとられてきたものであるが、インターネット等の新情報媒体が普及し、個々人を取り巻く情報量が著しく増大し、そして情報の価値が高まってきた現代の高度情報社会では、賢く情報を見定めて冷静に意志決定を行う能力がより一層重要になってきた。

　ここでは、環境情報に関してより冷静な判断に結びつけるための情報整理方法を紹介する。賛否両論が明確に区別される話題を取り上げ、両者の意見を論点別に整理し、それらを総合的に評価して自らの判断に結びつけるという手法である。

2. 具体的事例より

　以下、捕鯨、遺伝子組換え食品、農薬、ダイオキシン関連での焼却炉規制、そして原子力発電を題材として、具体的な論点別整理方法をみていきたいと思う。

■1 捕鯨問題を例に

　捕鯨論争は国際レベルで賛否の分かれる話題である。一般に欧米では原則的に捕鯨の禁止を求めているが、日本では公的見解を含めて捕鯨を容認する意見を支持している。さて、この論争を冷静に受け止めるにはどうすればよいだろうか。

　まずは、争点を抽出し、捕鯨推進派と反対派それぞれの主張を整理する。インターネットや書籍の中で、捕鯨問題についてコメントしている情報をできるだけ多く収集する。内容の類似するものを整理していき、争点を絞り込んでいく。そ

して、鯨の生息数に関して捕鯨が鯨の絶滅に繋がるのか否か、食材資源確保の関連で意味があるのか否か、捕鯨が倫理面からみてどうか、また捕鯨を食文化の側面からみてどうなのかといった争点が抽出される。次に、それぞれの争点について捕鯨推進派と捕鯨反対派がどのように主張しているのかをまとめていく。

すると表3-4のように捕鯨推進派と反対派の意見がまとめられる。ここで、バランス的に推進派または反対派の意見で弱いと思われる部分があれば、求める意見を絞り込んで探索して補強する。また、他の争点がないのか、あるいは争点の分割や統合等の必要性はないかを再チェックして、捕鯨に関する賛否両論の主張を整理した表を完成する。

最後に、この表を眺めながら、自分自身が捕鯨を推進する意見と反対する意見のどちらを支持するかの判断につなげていく。調べるだけではなく、自身の判断にまでつなげていくことが重要である。判断には必ず思考ステップが伴うので、環境問題を思考する訓練にもなる。

表3-4　捕鯨に関する情報整理

	推進派	反対派
鯨の生息数について	増えている鯨種のみが捕鯨対象で、鯨の絶滅には結びつかない。	鯨は繁殖率が低いので商業捕鯨で絶滅の危険。推進派の主張する鯨数も確かでない。
食料資源として	鯨肉以外に過度に増えた鯨に捕食される漁業資源のロスも重要。	現在では鯨肉のタンパク源としての意味はない。
倫理的側面から	水生哺乳類のみを知性がある等の理由で別扱いするのは合理的でない。	家族単位の行動、知性は考慮すべきで、捕鯨時の過度の苦痛供与も避けるべき。
文化的側面から	鯨肉を食材として用いるのは文化であり守られるべき。	少数民族の鯨肉文化と商業捕鯨とは区別されるべき。

2 遺伝子組換え食品の賛否を例に

遺伝子組換え食品に関する賛否は科学論争を考える上での典型的なモデルになる。一部に感情論も含まれているが、科学的なデータや、専門家の言い分を照らし合わせて一市民としての意思決定に結びつけるための絶好の教材に成り得る。争点としては遺伝子組換え食品の人体影響、品質面、環境影響、経済的な影響、食糧増産への寄与といった軸が挙げられる（表3-5）。

表 3-5　遺伝子組換え食品に関する情報整理

	推進派	反対派
人体影響	安全性試験で問題のなかったものだけが市場に出る。	毒性・アレルゲンの可能性は否定できず、安全性試験だけでは安心できない。
品質面	従来品より味、栄養価、日持ち等で優れたものが生産される。	従来品でも品種改良で相応のものが開発されている。
環境影響	耐虫性を有する品種では農薬使用量を低減できる。土壌流出防止、リン環境放出防止効果をもつ作物もある。	農薬に強い品種は農薬に強い害虫が発生の可能性を増す。遺伝子組換え植物が交配等で広がると生態系のバランスを崩す。
経済性	農家の手間を軽減して生産性を増す。付加価値製品の開発は産業を活性化する。	経済的利益は巨大企業に集中し、途上国には利益が少ない。
食糧増産	食糧生産性向上が食糧不足対策になる。	飢餓問題の原因である貧困・南北問題には関係しない。

3 農薬使用に関する是非

　農薬は環境中に放出される有害化学物質の代表的なものであり、農薬を無制限に使用拡大すべきだというような意見はまずない。農薬使用に関する論議は、原則として農薬を使用しない無農薬推進の意見と、現在使用されている農薬は改善されているので追放対象とする必要はないというレベルの意見の対立である。
　争点としては、人体に対する農薬の安全性について、農薬と農作物の生産性との関係、環境影響、消費者への影響などが挙げられる（表3-6）。

表 3-6　農薬使用の是非に関する情報整理

	農薬容認派	農薬反対派
安全性	一日許容摂取量（ADI）のデータより安全性が確認できるので心配はない。	摂取量によっては毒性が発現するのだから、できるだけ摂取は避けた方が良い。
生産性	農薬を使用しなければ生産者の負担を著しく増す。	手間を掛ければ低農薬・無農薬が可能である。無農薬の方が味・栄養価も上回る。
環境影響	環境影響の少ないタイプを用いれば、環境影響は少ない。	河川等への生態影響が大きい。
消費者への影響	無農薬では収穫量が低下して価格が高騰する。	多少価格が高騰しても安全性の高いものが消費者にとって利益となる。

4 ダイオキシンに関連した焼却炉規制について

ダイオキシンが環境に悪影響を及ぼす化学物質であることは認められているが、その対応策に関連して論議がある。特に日本では焼却炉の規制がダイオキシン問題の中心的な対策として位置付けられてきた経緯があり、その点について、全面的・恒久的な対策を行うべきとする意見と、ダイオキシン対策としては特に問題となる焼却炉の緊急的対策に取り組めばよく、予算等を他の環境問題対策に回すべきとする意見が対立関係にある。

両者の意見を全面規制派と集中規制派として、それぞれの意見が主張する対策のあり方、ダイオキシンの急性毒性、慢性毒性について、日本でのダイオキシンの発生源に関して、世界的に見た日本のダイオキシンに関する規制が厳しいのか否かといった点が争点に挙げられる。

表3-7 ダイオキシンと焼却炉規制に関する情報整理

	全面規制派	集中規制派
対　策	日本全体の焼却炉について恒久的に対策すべき。	排出量の多い焼却炉に対する緊急的対策を行うべき。
急性毒性	サリンの2倍、青酸カリの1,000倍の毒性を有する。	ダイオキシンの急性毒性は誇張されており、実際は低い。
慢性毒性	環境ホルモン作用、アレルギー性、発ガン性等の慢性毒性が問題。乳幼児に対する影響も未知。	環境ホルモンの作用はメス化の逆の性質で緩和作用がある。1970年以降環境中濃度は減り続けている。
発生源に関して	焼却炉の整備等で、ダイオキシン発生量の減少に努めるべき。	環境中のダイオキシンの主たる発生源は過去に用いられた農薬である。
日本の規制	欧州に比較して日本は規制が緩い。	世界的にみれば日本の規制は非常に厳しい。

5 原発問題を例に

原子力発電については過去から多くの論議があった。原子力発電を積極的に推進しようとする意見はあまり見られなく、将来の別のエネルギー体制に移行するまで消極的ながら容認するという擁護派と、原子力発電を即刻取りやめるべきとする反対派の意見が両極に位置していた。

しかし、近年は2009年に当時の鳩山首相が日本の二酸化炭素をはじめとする温室効果ガスを、2020年までに1990年比で25％削減するという大胆な発言を行ったことにより、原子力発電を中心にしたエネルギー政策が推進されようとし

ていたが、2011年3月の東日本大震災に伴う原発事故を受けて、今度は原発を廃止すべきとする圧力が非常に強まってきた。

表3-8は、これらの問題が起こる以前に作成した原発擁護派と原発反対派の意見を整理したものである。争点として、原発の安全性について、経済的コストについて、二酸化炭素排出に関して、また地域の活性化との関係などを挙げている。安全性に関する擁護派の主張は2011年の福島原発事故の発生によって見事に覆されたことになる。原発を擁護するなら、管理体制を含めて抜本的な改善策が練られねばならないだろう。一方で、原発の停止によって液化天然ガスの輸入量が膨大になり、それが莫大な貿易赤字の原因として注目されるようにもなっている。日本の財政赤字は極めて深刻な状況であり、原発の廃止は日本の経済の息の根を止めかねない要素になることが見えてきた。また技術者の海外流出も種々の問題を引き起こしそうだということが明らかになってきた。

非常に複雑な要素の絡み合う問題であるが、上記の表を現在の状況に合わせて修正し、原発にどう向き合っていくのかを考えることが望まれる。経済優先でその危険性に目をつぶる姿勢や、感情的に原発反対のみを訴える姿勢は、いずれも日本の環境政策を良い方向に導くことにはならないだろう。

表3-8　原子力発電に関する情報整理

	擁護派	反対派
発電所の安全性について	発電所は高度な科学技術に支えられた安全性の高い設備である。	人類は核を制御できない。人的リスク、地震、テロ等を考慮すれば危険度が大。安全なら首都圏に設置すべき。
経済コスト	原子力は低コストの発電技術。現在でも日本の30％の電力を賄う。産油国でない日本の国益に適う。	原発の低コストは発電段階までで、核廃棄物の処理・半永久的管理に莫大なコストがかかる。万一の大事故のコストも計算に入れるべき。
二酸化炭素排出	原発は二酸化炭素やNOx・Sox排出を減らす。	二酸化炭素よりも核のほうが脅威。
その他	地域の活性化にも結びつく。	代替エネルギーを模索すべき。

第4章
「専門-一般」尺度の理解

I 「専門-一般」の尺度

　環境情報は多種多様な内容が含まれていることが特徴であるが、第2章では、その整理のための一手法として環境問題の分野別の分類法について説明した。本章では、さらに別の切り口から環境情報の特色付けや識別などに役立つ手法として「専門-一般」尺度を紹介する。

　環境問題に関する情報は、基本的には理化学的データを根拠とする理系要素の強い情報が中心になる。たとえば、二酸化炭素の排出を抑える方策について考える場面を想定しよう。そこでは地球温暖化の悪影響を最小限に抑えるためには二酸化炭素排出量をどの程度に抑える必要があるのか、また、どのような手法でどの程度の二酸化炭素排出量減少に結びつくかといったデータが非常に大きなカギになる。また、有害化学物質による悪影響を考える場合にも、その化学物質の環境中濃度はどの程度なのか、そして実際に悪影響を及ぼすレベルはどの程度なのかといったデータが重要になる。

　これらの理化学的なデータは、主として専門の研究者によって学術論文などの形式で発表される。しかし、これらの学術論文は専門性が高いため、その分野の専門家でない者にとっては、理解することがほとんど不可能な難解なものとなる。しかし、一般市民が地球温暖化や化学物質に関する情報を得ていないわけではない。TV番組や新聞記事、週刊誌や一般書籍などを通して、それなりの対応策の必要性を認識している。そして一般市民の意見が自治体や国に反映されて、環境対策の推進に結びつく。

　しかし、専門家によって発表されたデータが、そのまま一般市民向けの情報に反映されるとは限らない。環境や安全に関わる元情報が社会の中で流通する過程で、不適切に悪用される場合も多々見受けられる。これらの問題に対処し、より

正しい情報が適切に市民レベルに伝えられる社会システムの構築が望まれる。

ここでは、専門家レベルの情報から一般レベルの情報までを「専門－一般」尺度によって四段階に区切り、それぞれの段階における問題点と今後の課題について考えていきたいと思う。

Ⅱ 理化学系情報の各段階における特徴

ここでは、表に示すように専門家レベルから一般消費者レベルに至る情報を一次～四次の情報として分けて考えることとする。

表 4-1 理化学系情報の分類

	提供者	情報媒体
1次情報	研究者	学術誌（論文）、実験研究報告書など
2次情報	研究者	学術誌（解説・総説）、調査報告書、専門書、一般書籍（難解）など
3次情報	消費者リーダー	一般書籍（平易）、消費者教育用教材など
4次情報	一般消費者	消費者教育用教材、個人WEBページなど

■ 1 次情報

1次情報は、まさに元情報そのものであり、その情報の発信者は研究者やそれと同等レベルの者である。学術誌に論文として発表されるものを頂点として、その他に大学や研究機関から発行される研究報告書なども含まれる。学術誌がなぜ高い評価を受けるのかというと、学術誌では研究者が論文を投稿して掲載されるのだが、その際に学術誌に見合った高いレベルの審査を経るからである。だから、研究者レベルでは学術誌の中でも特に国際的に評価の高い学術誌に掲載された論文を高く評価することになる。

ただし、環境情報関連では必ずしも一般の研究者レベルで高い評価を得る国際的学術誌を高く評価するという図式が当てはまるものでもない。化学物質の毒性データなどは同一物質に対する実験データが多いほど信頼性の高い真の値が得られる可能性が高まるのだが、一般の研究者の間で高く評価される学術誌では、オリジナリティが重視されるために、同様の結果の存在する研究結果は高くは評価

されにくい。しかし、過去に発表されたデータの確認試験や環境中での化学物質の濃度、またある地域での温熱環境の変化など、学術的にはオリジナリティに欠けると判断される情報でも社会的には大変貴重なデータとなる。これらは自治体の研究所や大学等から研究報告書等として発表されるものに多い。これらのデータも環境関連では非常に重要な役割を果たす1次情報である。

実験・調査を行うことのできる研究者から発表される1次情報のすべてが信頼できるわけではないが、研究者以外の一般レベルから発信される情報に比べれば、ずっと信頼性が高いと考えることができる。

2 2次情報

2次情報も1次情報と同様に専門家レベルから発信されるものが主体となる。1次情報を元情報としてまとめられたものであり、その分野の専門家が自らの研究結果や他者の研究結果を含めて解説したものである。具体的には学術誌の中の解説文や総説文、また専門書籍などがこれに相当する。自治体等の研究報告書の中でも、関連文献のレビュー作業を行ったものがあるが、これも2次情報に含まれる。

2次情報は研究者レベルから発信される情報なので、基本的には信頼性が高い。ただし、中には誤解を与えやすい表現を用いている場合もある。特に特定の商品との経済的利害関係、または心情的な利害関係を有する研究者が情報発信者である場合には、その2次情報から受け取るニュアンスが必ずしも本来の客観的真実を反映しているとは限らない。よって情報を受け取る側は、その情報発信者の背景についてもチェックしておくことが望まれる。

3 3次情報

3次情報とは、研究者ではない消費者リーダー等のレベルから発信される情報である。一般市民を対象として情報発信を行うので、その情報は平易で分かり易い内容であることが前提となる。具体的には一般消費者向けの書籍や消費者教育用教材などがこれに当たる。3次情報は、一般消費者の関心の高い危険性や安全性に関連する情報が多くの割合を占めるという点も大きな特徴だ。

この次元の情報は、環境問題解決を願う社会貢献意識の強い人々やグループが情報提供者として参入する。また対象が一般消費者であるために対象マーケットが広く、情報自体に商品としての意味合いが大きくなる。また特定の商品の販売

拡充のための宣伝媒体として情報発信が行われる場合も多々みられる。よって、この次元の情報発信を目指す個人、グループ、および出版社等は多数であり、壮絶な販売競争にさらされることになる。

　競争が激しくなれば差別化が要求されることになる。そこで比較的マスコミに登場する機会の多い人物を著者とするパターン、その分野で名の通った専門家に監修等の名目で名前を借りるパターン、または「恐怖の～」といったタイトルをつけて関心を引きつける等の種々の工夫が行われる。このような背景から、3次情報は大きな問題を含むことになる。安全性等に関する環境情報は、本来は1次情報や2次情報等に記載されている科学データを元情報として記されるべきものなのだが、3次情報発信者にはデータを科学的に理解する能力に欠ける著者が多く含まれる。

　このように多くの問題を含む3次情報であるが、一般市民に与える影響は非常に大きい。よって、この次元の情報が良質になれば、それだけ社会全体としての環境情報の価値が高まり、環境問題対応策の中での環境情報の果たす役割が増大するのである。環境情報学の中の最重要ターゲットが、この3次情報であるといっても過言ではない。

4　4次情報

　従来の情報発信者はマスコミ関係者や消費者リーダー等の一部の人々に限られていたのだが、インターネットの普及と共に一般消費者が容易に情報を発信できるようになった。4次情報とはそれらの一般消費者レベルから発信される情報を指す。

　その最大の特徴は、情報発信者が情報発信者としての自覚なく情報を発信することにあるだろう。1次情報発信者～3次情報発信者は、その情報の内容に関わらず、情報の提供を行うことを一つの職業として捉えている人々が主体である。よって、情報発信に責任感も有している。それは、良い意味での責任感だけを指すのではない。たとえば、悪質な情報を発信して悪質商法に荷担する情報発信者の多くは逃げ道を準備している。責任を問われることを避ける心準備ができているのだ。

　一方で、心の準備なくインターネット等の情報発信環境を手に入れて情報発信者になってしまった場合、仮に悪質な情報を発信したとしても、多くの場合はそ

の自覚がない。なにより、「自腹を切ってインターネットに接続して、時間を割いて調べた事柄を公開してあげているのに、その内容に多少問題があったとしても、なぜ責められなければならないのか」と考える人が多いだろう。情報を発信して経済的な利益を得るとか、自分自身の社会的立場を高めるという目的がある場合には、情報発信者が発信された情報に責任をとるのは当然であろうが、親切心でボランティアとして活動したことに対して責任を問われるということには納得できない場合も多いだろう。

しかし、発信された情報によって第三者が被害を被った場合、発信者が経済的利益を得ているか否かはあまり関係がないのである。被害に対する責任は情報発信者に問われるものなのだ。

4次情報も3次情報と同様に科学的なレベルに関して種々の課題があるのだが、その他、上記のように一般消費者が無意識のうちに情報発信者になってしまうことにより生じる問題がある。情報発信者は一種の生産者として見なせるのだが、4次情報の発信者は料金を支払ってネット接続する消費者であると共に、生産者としての責任が問われる立場でもあるのだ。

5 2.5次情報と情報の逆流

以上、四段階に分ける考え方を示したが、そこでは専門家からは理解困難な情報を発信し、一般消費者レベルの情報発信者は平易でわかりやすい情報を発信するという単純化した前提がある。しかし、最近はこの前提から外れる情報発信も増えてきた。一般消費者レベルの情報発信者が難しい情報を発信することはまずないのだが、研究者レベルから一般消費者に向けて、非常にわかりやすく解説するパターンの情報が増えてきたのである。

これらの情報は、専門家としての知識に裏付けされた正確さを有しているとともに、理解のしやすさを特徴とした情報である。消費者リーダーレベルの3次情報、または一般消費者レベルの4次情報には、情報の正確さなどで問題が多く含まれるが、研究者レベルから発信される情報には、それほど大きな問題はない。また2次情報のように専門家レベルの記述ではなく、一般市民・消費者に向けて、かみ砕いた分かりやすい表現になっている。よって、これらの情報は2次情報と3次情報の中間の2.5次情報として位置づけることができる。

この2.5次情報は、従来は専門の研究の世界にしか目を向けていなかった専門

家が、その研究成果や専門知識を社会にフィードバックするようになったことを象徴するもので、本来は高く評価すべきものである。ただし、その2.5次情報が増えてくることによって、新たな問題が発生するようになった。

　先に専門家によって発信される1次情報から一般市民・消費者から発信される4次情報という四段階に情報を分ける考え方を示したが、この考え方には情報が1次情報から4次情報に向かって影響を及ぼしていくという流れを前提とする（図4-1）。研究者による研究報告である1次情報が、研究者レベルの人物によってまとめられて2次情報となり、2次情報の内容が消費者リーダーレベルに伝わって3次情報に加工されて広く一般市民・消費者に伝わり、最後に一般市民自らが情報発信して4次情報が生まれるという構図である。上流である研究者の発したデータがわかりやすく加工されて一般市民に伝わっていくという流れが整っていれば、理化学的な環境情報の流通は適正であると判断できるだろう。

　しかし、実際にはそうはうまくいかない。後述するが、3次情報や4次情報にはかなり科学的に問題のある情報が含まれているのだが、それが専門家レベルに影響を及ぼす場合があるのだ。いわば、情報の逆流現象とでも呼べる現象である。筆者らが研究した事例を紹介しよう。

　筆者は環境・安全に関する消費者情報の問題点とその課題を明らかにすることを目的として、具体事例として洗剤に関連する消費者情報を取り上げて分析してきた。洗剤関連の消費者情報とは、具体的には石けんと合成洗剤について記された内容である。洗剤関連の研究者の間では、環境・安全関連で合成洗剤と石けん

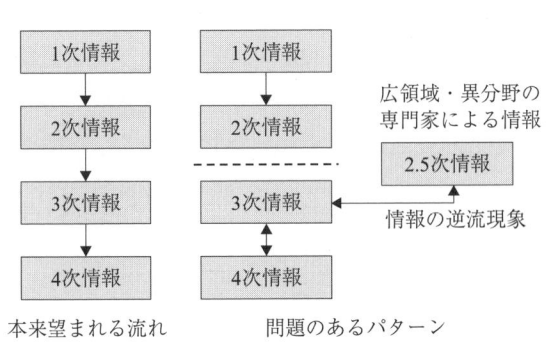

図4-1　次元別の情報の流れ

を比較するということは適切ではなく、その環境に応じた洗剤の選択が重要だと考えるのが一般的だが、消費者情報では合成洗剤は排除すべきで石けんに切り替えるべきとする情報が多々みられる。そこで、その原因を探って消費者情報の流れを分析したのである。

その結果、いわゆる専門家レベルの情報発信者が3次・4次情報を引用して情報が逆流するという現象を発見した。特に注目した点は、「合成洗剤には催奇形性がある」という情報に関する問題である。催奇形性とは、妊婦がその化学物質を摂取すると胎児に奇形が生じるという性質で、大変衝撃的な情報である。1970年代前半に、合成洗剤の主成分の界面活性剤に催奇形性があるのではないかという論争があったことは確かだが、四つの国立大学の医学部で同時にその催奇形性に疑いがもたれた条件での試験が行われ、その結果、論争になった催奇形性は認められず、最終的には国の公的見解として合成洗剤の催奇形性が否定されたという経緯がある。

合成洗剤に問題がないわけではなく、また合成洗剤に否定的な見解を有する洗剤の専門家も少なくはないのだが、合成洗剤に催奇形性があるとする情報を支持する専門家はまずいない。よって、洗剤の安全性に関する情報の中で、合成洗剤の催奇形性を肯定するか否かという部分に着目すると、その情報の信頼性を推し量ることができ、洗剤の安全性に関する情報の一種の指示薬的なものとして催奇形性に関連する部分の記述は利用できる。つまり、合成洗剤の催奇形性を肯定する情報が含まれていれば、その情報は科学的なレベルが高いとはいえないと判断できるのである。

さて、実際の調査は洗剤・石けんをメインテーマにした書籍、水環境に関する書籍、環境問題一般に関する書籍、この三つの分野の書籍を対象として行った。水環境問題書籍では洗剤関連の情報はごく一部に記載されているのみで、また環境全般の書籍では洗剤関連話題の重みが一層少なくなる。調査の結果、洗剤や石けんを主テーマにした書籍では、研究者レベルで合成洗剤の催奇形性を肯定する情報は見かけられず、バイブル商法的な純石けん販売情報や、一部の過激型消費者リーダーが執筆した情報に催奇形性を肯定する情報が含まれていることが分かった。

しかし、水環境問題関連書籍や環境一般書籍では、化学や生物学を専門とする

理学者、環境分野を専門とする経済・経営系学者、化学系研究所の研究員等の専門家レベルの人々の著作から、この合成洗剤の催奇形性を肯定する表現が見つかった。そして参考文献として、過激型消費者リーダーによって書かれた書籍等が示されていたのである。

　これは、「洗剤」関連の3次情報が「環境一般」「水環境」関連の専門家に影響を及ぼしていることを示しており、消費者レベルから専門家レベルへの情報の逆流現象が起こったことがわかる。ただし、これらの問題ある情報は、学術誌の解説文や専門書等の2次情報にはあまり認められない。大部分は一般市民・消費者を対象とした書籍、すなわち2.5次情報に相当する書籍である。一般向けの情報には、それだけより広範囲の内容が要求されるので、専門家といっても本来の専門の守備範囲を越えた情報が要求される。すなわち、専門家であっても専門以外の分野を含めた内容の記述を行っているということになる。1次情報でも2次情報でも、必ずしも正しい事実を示しているとはいえないのであるが、2.5次情報では内容の正確さにおいて専門家に対して要求されるレベルよりもかなり下回る場合が少なくはないのであり、その点を認識しておく必要があるだろう。

III　専門情報・一般情報の今後の課題

　以上、「専門－一般」の尺度を元に、環境情報を1次情報から4次情報までに分類し、それぞれの特徴について示してきたが、続いてそれぞれの問題点と今後の課題について説明する。

　1次情報を上流、4次情報を下流側とすると、環境情報の質の向上のためには、環境関連データが上流から下流に正確に伝わっていくことが望まれる。もちろん、すべての情報が上流から下流に向かうことが望ましいのではない。消費者の気持ちや実際の社会状況などの情報はむしろ下流から上流に向けて伝えられる必要があるだろう。一般市民レベルから専門家に向けて、どのような研究成果が求められているかといった意見が、もっと発信されても良

表4-2　「専門／一般」情報の特徴

	専　門	一　般
内容の正確さ	○	×
記述の正確さ	○	×
インパクト	×	○
分かり易さ	×	○
社会的影響力	×	○

いであろう。ただし、理化学的なデータに関しては、データの生成段階である上流から下流への伝達が求められる。

しかし、実際の社会で流通している環境情報に目を転じると、情報の流れが望ましい形になっているとはいえない。具体的には、1次情報から2次情報への流れ、また3次情報から4次情報への流れはあるのだが、2次情報から3次情報への流れが滞っている場面が多い。せっかく貴重な情報源があっても、情報がうまく伝わっていくシステムが整っていない。

解決のためには専門家レベル、そして消費者リーダー・一般消費者レベルの双方に課題がある。以下、1次情報、2次情報、そして2.5次情報を含めた専門家レベルの情報についての課題を説明した後、消費者リーダーレベルの3次情報、一般市民・消費者レベルの4次情報についての課題についてそれぞれみていくこととする。

1 専門家レベルの情報の課題

まず、専門家レベルから発信される1次情報、2次情報、2.5次情報についての問題点と課題である。専門家に関しては、専門的な研究レベルにとどまらずに、研究成果や専門知識を広く社会にフィードバックする姿勢が求められる。専門家レベルを主な対象とした1次情報や2次情報に関しては、比較的問題は少ないが、強いていえば、経済的利害関係等であまりに偏った情報を発信する場合には歯止めがかかる社会システムを考える必要があるだろう。抗菌剤等の研究を行う研究者から一般生活における菌類の危険性を過度に強調する情報が発信されるケース、また科学的な根拠の薄い種々の機能水について怪しげな理論で援護射撃を行う情報が発信されるケースなど、経済的な利害関係が絡む場合は研究者としてのモラルに反する場面がよく見かけられる。

しかし、それらのマイナス面を勘案しても、研究者レベルから社会に向けて情報が発信されることは重要である。その意味で、研究者レベルから社会に直接訴える2.5次情報は、まだまだこれから増加してもらいたいものである。ただし、先述したように2.5次情報にはそれだけ情報の正確さに関する問題が伴ってくることは認識しておかねばならない。

2 3次情報の課題

　3次情報は消費者リーダーレベルから発信される情報であり、その最大の特徴は一般消費者に受け入れられやすく、社会的な影響力が絶大になる場合があるという点だ。3次情報は情報発信に関して壮絶な競争状態にあるため種々の差別化が図られている。その代表的な手法が、事実を誇張して不安感や恐怖心に訴えるというものである。その影響力は絶大で、専門家による2.5次情報とは比較にならないほど、一般消費者の心を捉えることになる。

　3次情報は科学的な正確さに欠けるものが多く、特に過激な表現を採用する情報ほど科学的に問題があるものが多いという傾向がある。これは、3次情報発信者が差別化のために科学性を犠牲にしているというよりは、もともと科学的な考え方に欠ける者が3次情報発信者に多いという方が正しいであろう。3次情報の課題は、いかに科学的な要素を重視する方向に情報発信者を導くことができるかという点である。

　情報発信者が科学的に物事を捉えるとはどういうことか、具体的な側面から述べてみよう。データを科学的に捉える第一歩は、データを大切に取り扱うということである。たとえば、重要な数値データやコメント等について、その出典を明らかにするというのが基本姿勢になる。第三者がそのデータ等に疑問を持った場合にすぐさま元データにアクセスできるように、参考文献や引用文献を示しておくべきである。これらは2次情報の発信者である専門の研究者にとっては常識的な事柄なのだが、3次情報には欠けている、または軽視されている場合が多い。引用文献等を記述するのは読者にとって読みづらくするから必要ないと考える人さえいるようだ。しかし、出典を示さず理化学的なデータを示す情報や有害性を主張する情報は、たとえ悪気がなくても混乱の原因をまき散らすことになり、結果的には社会貢献とはまったく逆の行為になるのである。

　また、科学的に物事を捉える上で、微妙な表現の違い、また数値の精度について理解することも重要である。たとえば、次の表現について考えてみよう。
　①地球温暖化が進行していると考えてほぼ間違いないだろう
　②地球温暖化が進行していると100％完全には言い切ることができない
　この①は地球温暖化を肯定的表現し、②は否定的に表現しているが、実はこの2つとも同じ事実から導かれる表現なのである。かなり高い確率で地球温暖化は

進行していることを裏付けるデータが存在し、そこから導かれるのが①と②の表現なのである。そして②の表現は「地球温暖化が進行しているとはいえない」→「地球は温暖化していない」というように変化し、当初のデータから導かれるべき結論とは正反対の情報を生成させてしまうことにもなり得る。

このように、わずかな表現の違いによって事実が曲げられてしまうことも知っておく必要があるが、科学的な論述の訓練を受けていなければ、ニュアンスを変えずに物事を伝えていくということは難しいかもしれない。特に、より過激に伝えなければ販売競争に勝てないという背景があれば、上記の表現の問題は避け難いものとなる。

また、第8章において詳しく説明するが、物事を論理的に考える訓練なく、感情的な動機のみで情報発信に乗り出すと、かえって環境問題対応策の足を引っ張ることにもなりかねない。データのばらつきと平均値との意味を理解して数値を正確に読みとる能力や、論理的に成立することと成立しないこととを明確に区別して、矛盾のない文章を作成する能力が必要とされる。しかし実際の3次情報発信者にはそれらの能力が欠けている場合が多い傾向がある。

以上のように、3次情報に関しては情報発信者が科学的な考え方を身につけることが要求されるとともに、より科学的な態度で情報を発信する者が情報発信において有利になる社会システムを構築することが期待される。たとえば、あまりにも非科学的な情報に関しては社会的なペナルティーが課せられるような体制も必要になるのではないだろうか。そうかといって行政による情報規制は別の大きなリスクの原因になりかねないので、公的なペナルティーではなく、市民・消費者の自発的なレベルでのペナルティーが要求される。目に余る非科学的な情報や悪質情報にはその問題点を指摘する情報が発信されるといった社会システムを構築することが望まれるであろう。

3 4次情報の課題

インターネットの普及に伴って、一般の消費者レベルからの情報発信が著しく容易になった。そして、多量の環境情報が一般市民レベルから発信されるようになった。さて、その一般市民レベルから発信される4次情報の問題点とはどのようなものであろうか。基本的には3次情報の問題点と同様に、研究者レベルではないことに伴う科学性の不備が問題になる。しかし、それ以外に3次情報

にはなかった、新たな問題がある。

　3次情報と4次情報との違いは、基本的には3次情報が情報発信によって経済的な利益を得る、または社会的立場を高めるのに役立つといった利害関係があるのに対して、4次情報では、あくまで情報の発信が個人的な趣味レベルの範囲に収まるというところにある。そして、その立場の違いは発信した情報に対する責任感の違いとして現れる。4次情報の発信者の多くは媒体としてインターネットを使用しているが、それらの利用には多少なりとも費用をかけている場合が多い。情報を発信するという行為自体は、情報の生産者としての意味があるのだが、一方でその情報発信行為から特に経済的、または社会的な見返りを期待せず、自身の個人的満足を得ることを主目的として経済的な負担を許容している。金銭負担を伴って情報媒体を利用しているのだから、その点では消費者であり、情報発信者である点では生産者として位置づけられる。消費者であって生産者でもあるという、従来は存在しなかった複雑な立場が生まれたのである。

　経済的利益等を目的として活動している生産者が、生産物の問題によって責任を追求されるのは当然のことである。しかし、消費者が消費に関わる過程で何らかの責任を問われるということは予測し難い。具体的には、誤った情報を発信したとして、その責任をとるといった心準備がない。ある商品が環境に悪いとする情報を発信したとする。しかし、その情報は科学的には間違っていたらどうなるだろうか。商品を製造・販売している企業から責任を問われることを予想したうえでの情報発信であろうか。そのような心準備の上に立って発信されている4次情報はむしろ少数派だ。大部分は情報発信に伴う責任を認識せずに情報発信を楽しんでいる。情報発信に関する注意点を知らされず、そういった教育も受けずに、情報発信の環境を消費しているのであるから仕方のないことかもしれない。

　しかし、一方でその情報発信によって被害を受けた立場からすると、3次情報であるか4次情報であるかということは問題ではない。情報発信者に対して被害に対する責任を追及することに変わりはない。実際、インターネットの検索サイト等でヒットするWEBページで、それが4次情報か否かで信頼性を考慮されることはあまりないようだ。小・中・高等学校または大学等での課題作成等で、インターネットの情報を調べることが多くなってきたようだが、その際、情報の受け手は情報の発信者の属性から信頼性を判断するようなことは現時点ではあま

り行われていない。学校で指導を受けていないのであるから当然であろう。
　これらの問題は、インターネット等の新たな情報媒体の普及に伴う、利用者にとっての新たな課題である。学校教育、生涯学習等を通じての対応策が求められる。情報を発信する際の注意点、情報発信教育カリキュラムの構築など、情報発信環境に関する消費者教育についての早急な対応が望まれる。

第5章
不良情報の識別

I　不良情報の分類

　ここでは、第4章で3次情報、4次情報、そして2.5次情報として定義した一般消費者を対象とした環境情報を対象として、不良情報の識別について考えることとする。一般消費者にとっての環境情報の評価項目が特に公的に定まっているわけではないが、「読みやすさ」「見解の偏り」「科学的正確さ」などが挙げられるだろう。特に著作者の属性等と関連づけて、見解の偏りが意識的であるか否かという点を判断するのが第一のポイントになる。しかも見解の偏りがあるもの、科学的な正確さに欠けるもので意識的に情報が発信される場面は、何らかの商法の宣伝媒体としての情報発信と、信念・信条的な側面からの情報発信に分けられる。すなわち、見解の偏りの側面からは、次の3つのタイプ、①バイブル商法型：商法関連の動機で見解が偏った情報、②消費者運動型：信念・信条的動機で見解が偏った情報、③知識不足型：動機なく見解が偏っている情報、に分類することができる。

　以下、それぞれの情報について、その傾向を説明するとともに問題点を明らかにしたいと思う。

II　バイブル商法型

　悪質商法の中で、バイブル商法とよばれるものがある。書籍等を利用して科学的な根拠のない理論等を振りかざして、一般的な商品の危険性や問題点を誇張して示すとともに、特定の商品を高く評価する情報を広め、その商品を販売する商法である。バイブル商法型とは商品・サービスの販売を目的とした見解が偏った情報を指す。特に安全・健康関連の商法に関連する詐欺的健康情報が多く見かけ

られる。アトピー性皮膚炎関連ではアトピービジネスとよばれるものが代表的事例に挙げられ、また、洗剤関連でも純分を高めた石けんの販売に関与した不良情報もこれに相当する。

1 アトピービジネス

アトピービジネスとは金沢大学医学部教授の竹原和彦氏によって著された「アトピービジネス」(文藝春秋, 2000年) に詳しく紹介されているが、「ステロイド＝悪魔の薬」との主張で皮膚科医の信頼性をなくし、アトピー性皮膚炎を難病であるとして不安を煽り、ウーロン茶風呂、健康食品、化粧品、漢方薬などの民間療法を押しつける商法である。

ステロイドは使用法を間違えると非常に危険な薬剤であり、過去には実際にステロイドの使用によって表皮がほとんど消失する状態に陥り、最終的にはショック死する事例があった。しかし、その後、効き目の弱いものから強いものに段階分けしてのステロイド使用法についての基準も定められ、皮膚科医師によるステロイド使用に関して、十分に信頼できるレベルの環境が整ったといわれている。

アトピービジネスが爆発的に広まったのは、大衆に人気のあるキャスターを擁するニュース番組の中で「ステロイド＝悪魔の薬」との印象を与える内容が放送されたことが契機となった。ステロイドを悪視して民間療法を広めようとする勢力は、ステロイドを用いる医者は信用できないとの印象を全国的に広め、アトピー性皮膚炎の患者と皮膚科医師との信頼関係を断ち切ることに成功した。

アトピー性皮膚炎に関する専門家は皮膚科医師である。その専門家レベルと患者との関係を断ち切ることができれば、あとは悪質業者が好き放題に暴れ回ることができる。その結果、まったく根拠の無い民間療法で症状を悪化させる被害者が続出したとのことである。このアトピービジネスに関する事例は、健康・安全に関連する消費者情報の問題を考える上で、非常に重要な反省材料を与えてくれる。特に、マスコミの影響力というのは絶大であり、悪質な方向に利用されれば取り返しのつかない問題を発生させる原因になるのだということを心に留めておくべきであろう。

2 純石けん運動

石けんと合成洗剤をめぐって、合成洗剤は環境や人体への安全性で問題があるので石けんに切り替えるべきとする石けん推進の意見と、合成洗剤には特に排除

対象となるべき問題はないとする合成洗剤擁護側の意見が対立する構図が、日本では1960年頃から2000年代はじめまで存続してきた。関係者それぞれの立場からの言い分があり、科学的な側面、社会的な側面、日本として、そして人類として等のさまざまな次元からみて簡単に結論づけることができない複雑な問題である。しかし、その流れの中で明らかに問題のある商法が展開され、そして成功してしまった。それは、特定の石けんを販売するための非科学的な扇動的情報を利用した商法である。

その石けんとは、99％といった高い純度を売りにする石けんで、純石けんとの名称で販売されるものである。合成洗剤はもちろんのこと、他の純度の低い石けん商品、性能向上のための添加剤を加えた石けん商品も否定し、環境や安全のためにはこの純石けんを使用すべきであるとする主張を展開する。

しかし、実際には環境面や安全面で特に優れているといった違いは認められていない。むしろ、純石けんは、特に環境面において問題がある。製造時の純度を高める操作は製造時のエネルギーコストを高めることに直結する。洗浄向上剤を含まない石けん分は働きが悪くなるために石けん分を多量に使用しなければならず、石けんの原料である油脂を多量に消費することになり、また排出した排水中の有機汚濁負荷も高くなる。食品ならいざ知らず、洗剤類に保存剤が使用されないということは、生もの扱いしなければならないという商品の流通の制限が大きくなる。洗浄向上剤が含まれていないために、洗浄性能は低くなる。水中のカルシウムやマグネシウムなどと反応して水に不溶性の金属石けんになりやすいために、洗濯に用いた場合には衣類の黄変の原因になり、また下水管詰まりの原因になりやすい等の欠点もある。このように純石けんは環境面に優しい商品であるなどとは決して判断できない商品なのである。

実際には販売商法の一環として、グループ販売組織を立ち上げ、販売量に応じた経済的利益や優遇措置を与えた商法が功を奏したというのが実情である。消費期限が限られた商品について、販売量に応じた価格設定で大量消費を推奨し、その理由付けとして使えば使うほど環境に優しいとする、とんでもない理屈を販売グループリーダーに植え付けたのである。そして残念なことに、現在も純石けんを広めることが正しいことであると信じ、インターネット等を通じて一生懸命に活動している人々が存在している。

環境問題に対応するために洗剤はどうあるべきか、たとえば石けんと合成洗剤の使い分けをどう考えるかといったことは重要なことなのだが、科学的には否定されるべき「純石けんが環境に優しい」との意見がまかり通る状況では、消費者レベルで科学的に洗剤のあり方を考えていくことは不可能に近いと判断せざるを得ない。

Ⅲ　消費者運動型

　消費者団体、消費者リーダー、消費者団体と目的を同一にする専門家等の立場から発信される情報の中で、信念・信条的な動機で見解の偏った情報を発信するものである。大企業の生産活動に関連する商品に対して否定的見解を示すもので、リベラル派の市民運動の影響が色濃い。

　その一般的な傾向としては合成物に対して反対して自然派商品を支持する。特に消費者対生産者の対立関係の元で、消費者側から対極に位置する巨大企業の生産活動や生産物に対して厳しい見方をする。化学合成技術を駆使した大量生産商品等が否定されるターゲットとなり、農薬、合成食品添加物、合成洗剤などを否定し、有機農法、天然物、石けんなどを肯定する。

　情報発信の動機については、正しい情報を世の中に広めるという意識よりも、運動に貢献するとの意識の方が圧倒的に優先される。それは、発した情報に科学的な問題があると指摘されたときの態度で明白になる。運動への貢献が主目的である場合には、発した情報の正誤はあまり重要ではなくなる。運動方針として当初に決定されたこと、すなわち農薬に反対するということが当初の目的として設定されたなら、自分の発した農薬の問題点に関する情報が正しいか誤っているかという点にはあまり大きな意味はなく、いかに農薬追放に貢献できるかということのみが注目される。つまり、新たなデータや情報によって自らの方針や考え方が変わることが期待できない情報発信者なのである。

　このように、いわば頑固な姿勢の者から発信される情報の中でも、科学的なレベルには大きな幅がある。科学的なレベルの比較的低い情報は、残念ながら一般的な受け手にとって利用価値がない。情報発信者に科学的知識や思考方法の素地が備わっておらず、運動を盛り上げて社会貢献したいという気概のみが空回りし

て情報が発せられる。よく採用される手法が、情報量で圧倒するというもので、インターネット等でも第三者からアクセスされやすいところで、くまなく情報を発信するという傾向が見られる。情報発信者自身は悪気があるわけではないのだろうが、情報社会にとってはノイズ情報としての意味しかない。

　一方で、科学的なレベルが比較的高い情報は、受け手の姿勢次第で貴重な情報源となり得る。結論が先にある論理展開なので、主張をそのまま受け入れることは好ましくはないが、対立する情報を収集し、先に示した手法で論点別整理を行うことによって、バランスのとれた思考を身につける材料になるだろう。

IV　知識不足型

　何らかの商法とリンクすることもなく、また、特に何らかの信念・信条的な動機もなく偏った見解の情報が発せられた場合、基本的には情報発信者の知識不足が原因していることが大部分を占める。

　消費者レベルから発せられる3次情報では対象分野に関する学習が不足していることが主要因となっており、研究者レベルから発せられる2.5次情報も専門外の分野にまで話題を展開し、その際に入手した情報源が偏ったものであったということが原因になっている。

　いずれにしても、科学的な正確さという点で問題を含んでいる情報であり、特に悪意無くとも、影響力の観点からは不良商品を生産・販売する業者と同様の立場であると考えることができる。このレベルのタイプの情報にあまり厳しく対応するのは、環境関連情報の発信に対する障壁を高くするという意味合いで適切ではないが、一種の流行現象の中で、特に社会的に存在意義のない情報を発信する行為は、それが良心からのものであるとしても問題があると判断される。

　その情報の流行現象としての問題点は、環境ホルモン問題をめぐる書籍情報の中で顕著に現れた。日本では1997年9月に発行された「奪われし未来」（シーア・コルボーン他著、翔泳社）をきっかけに知られるようになったが、引き続いて国内の種々の著者から100種を越える環境ホルモン関連書籍が発行された。この環境ホルモン関連情報の特徴として、専門家レベルから一般消費者レベルに向けて発信された、優れた内容の2.5次情報が比較的多く発表されたという点が

挙げられる。しかし、量的には3次情報が圧倒的に多数を占めた。そして専門家からの情報提供がかなりみられたために、知識レベルの低い著者による書籍は目を覆うばかりの劣悪さが目立つこととなった。

　レベルの低い記述内容の書籍は、環境ホルモンに関する知識の大部分は「奪われし未来」に頼ったもので、「奪われし未来」の内容を断片的に伝える書籍として位置づけることができる。しかし、「奪われし未来」の科学的な事実関係に関する内容を正確に理解することができていない。「奪われし未来」自体にも、読者に不安感・恐怖心を与える表現が部分的に用いられているところが散見されるが、その不安感や恐怖心を煽る部分だけは増幅して伝える。結局は「奪われし未来」の内容をもとに、科学的レベルを低くして恐怖心を煽る内容とした書籍だということになる。

　科学的な誤りの事例としてアルキルフェノールについての記述をみてみよう。アルキルフェノールとは産業用洗剤に含まれる界面活性剤の一種のアルキルフェノールエトキシレートが下水処理場や河川等で微生物によって分解される際の中間生成物である。魚類に対して環境ホルモン作用があることが実験で確認されているが、実際の水環境中でアルキルフェノールが水生生物に悪影響を及ぼしたとするデータは知られていない。当初は英国の河川での魚類のメス化現象の原因物質として疑いをもたれたことがあったが、その後、動物から排泄される女性ホルモンの影響の方が強いとする説が広まった。

　このようにアルキルフェノールによる実害については疑問視されているが、濃度によっては環境ホルモン作用を発現することは一般的に認められており、世界中でアルキルフェノール生成の原因となるアルキルフェノールエトキシレートの使用削減が急速に進められている。

　このアルキルフェノールに関する記述の問題をみていくと、次のようなものがみられた。

❶化学物質の名称の誤り

　アルキルフェノール（またはノニルフェノール・オクチルフェノール）とビスフェノールAを混同しているものがあった。このレベルの書籍では著者に化学に関する知識がほとんど備わっていないと判断できる。また、アルキルフェノールとアルキルフェノールエトキシレートの区別がついていないものが比較的多く

含まれていた。これらの化学物質の名称を正確に理解していないレベルで情報を発信するのは、悪気がないとしても不良情報だと判断できるだろう。

2 用途の無理解

　アルキルフェノールエトキシレートは主として工業用洗剤の成分として用いられてきたものであり、日本で販売されている一般の家庭用洗剤にはほとんど含まれていない成分である。この点は消費者情報としてはかなり重要なポイントになるのだが、アルキルフェノールエトキシレートが一般の家庭用洗剤の成分であるとしている情報が多く見られた。家庭用洗剤が連想されるならば、一般消費者に対して大きな不安感を与えることにつながる。

　一般に 2.5 次情報では工業用洗剤である旨の説明がなされているものが多く、3 次情報では家庭用洗剤であると読者に誤解させるものが多いという傾向がみられた。

3 実際の影響について

　アルキルフェノールが注目されたのは、英国の河川での魚類のメス化現象の原因ではないかとする説が発表されたことを発端とする。そして、TV 番組などでは、このアルキルフェノールが多摩川のコイに対しても悪影響を及ぼしていることを連想させる内容が放送されていた。

　このアルキルフェノールの実害についての表現は、専門家レベルとそうではないレベルとを分ける明確なラインとなった。専門家からは、あくまで疑惑があるとの表現に収まっていたのだが、そうではない著者からは英国の河川での事例はもとより、多摩川のコイに関する事例すらもアルキルフェノールの影響であるとして断定した表現が多用された。

　日本の環境問題の原点は「公害」だとよく言われるが、この「公害」と関連づけて、情報の流行現象の問題点を考えてみよう。戦後の高度成長期に重化学工業が飛躍的に発展したが、その際の生産活動がどのような影響を及ぼすのかを考えずに企業間競争に明け暮れ、気づいたときには都市部の上空はスモッグで覆われ、河川は生物の棲めない汚染状態、そして生産活動に伴って排出された有害化学物質の影響で健康被害者が続発するという、深刻な公害問題を日本は経験してきたのである。

　さて、この公害について考える場合、どういった点が反省材料として浮かび上

がってくるだろうか。一つには、公害病の原因となった企業の責任が問われるが、問題の本質は公害問題で名の挙がった特定の企業だけの問題ではない。当時のメーカー等の企業の大部分に、公害問題の当事者になる可能性があったはずだ。本質的問題は、過度の競争に目を奪われて、事の成り行きを冷静に予測できなかった企業の集合としての問題である。一歩立ち止まって、このままでよいのかと反省することなく、競争に突き進んでしまったということが問題なのだ。今後の地球環境問題への対応のためにも、競争によって理性を取り乱した行為は避けられるべきなのだ。そして、その理性的な行動が最も求められるのが社会に対して理性的行動を訴えるべき環境情報の発信者なのである。

　残念ながら、環境ホルモンをめぐる情報では、情報発信者の中に理性を見失った過度の販売競争の一面がみられた。環境ホルモンに対して過度の恐怖を与える表現は不適当であると主張する著名な環境ホルモン研究者を監修者とし、内容は一般ライターが環境ホルモンの恐怖を強調している書籍も登場した。このような姿勢で発せられた現代社会の生産活動の問題指摘など、説得力があるわけがない。今後の環境情報の発信のあり方を考えるうえで、環境ホルモン情報の流行現象は重要な反省材料になるだろう。

V　フードファディズム

　ここでは、情報発信の動機に関する分類で、バイブル商法型、消費者運動型、知識不足型の3種に分類されるパターンが複合した事例の一つとして、フードファディズムについて取り上げたいと思う。先にバイブル商法の説明の中で、アトピービジネス関連情報や純石けん運動情報を代表的事例として示したが、決してそれらの情報が消費者運動型情報や知識不足型情報と無関係であるというわけではない。特にアトピービジネスに関連して重大な影響を与えたステロイド批判のTV番組自体は、知識不足型情報に分類されると考えられる。しかし、アトピービジネス関連、純石けん運動関連の情報の主要部分はバイブル商法型情報であると判断できるであろう。

　フードファディズムとは「食物や栄養が健康や病気に与える影響を過大に信じたり評価すること」と定義され、群馬大学教授の高橋久仁子氏によって著された

「『食べもの情報』ウソ・ホント」(講談社、1998 年)に紹介されている。フードファディズムの具体例としては、次のような内容がある。
　①カルシウム欠乏症の原因としての砂糖批判
　　　混ざりもののない砂糖を摂取するとカルシウムの吸収が悪くなるという説で、精製していない糖がより良いとするもので、科学的根拠はない。
　②骨や歯を溶解するという理由での炭酸飲料批判
　　　骨や歯を炭酸飲料に浸せきすると溶解する現象から、炭酸飲料の摂取を悪視するものである。しかし、溶解の原因は炭酸飲料が酸性であり、酸性溶液では骨や歯が溶解するためである。その酸性の度合いは酢やレモン汁の方が強く、実際的な状況からもこれらの理由で炭酸飲料を避ける理由はない。
　③合成品は悪だという理由での化学調味料批判
　　　石油等から合成された物質を食品材料に用いることに反対するという姿勢で化学調味料を批判する説である。しかし、批判の対象となっている化学調味料は合成されたものではなく微生物によって作りだされたものなので、批判の根拠がない。
　④天然酵母、有精卵、有機食品、天然塩などへの極端な嗜好
　　　人間の手が加わっていない本来の自然に近い状態で得られた食品が健康に良いとする信念のもと、「天然」や「有機」等がキーワードになった食品を求めるべきとする主張がある。確かに大量生産体制で作られた農畜産物等に問題がないということは言えないが、過度に「天然」を追い求める姿勢は偏食等の弊害を伴い、不良商品に出くわす可能性も高まる。
　⑤農薬、添加物の絶対的敵視
　　　食品に残留する農薬や食品添加物は摂取量をできるだけ少なくすることが望まれるが、ごく微量たりとも体内に摂取することは許さないとする考え方に固まった人々がいる。無農薬、無添加しか認めないとする方針だが、実際の食生活の自由度を著しく狭める結果になり、また悪質商法のターゲットにもなりやすい考え方である。

　これらの最大の特徴は、健康食品販売業者、消費者運動関係者、マスコミ、そして研究者が相互に作用しあって、全体として問題を広げ、そして深めてきた

点であろう。それぞれ、単独では、さほどの問題があるとは思われない。「天然」や「自然」を求める消費者がいる以上、無農薬・無添加物食品を差別化商品として販売する行為が問題であるわけではない。農薬に頼った農業のあり方、合成食品添加物等に頼った食品流通、工場で大量生産される食品製造などに対して疑問を抱くことも当然のことと思える。またマスコミが消費者の健康を左右する食生活関連情報を取り上げることを否定される理由もなく、特に人体への危険性を指摘する情報があるならば、それを公表することが責めを負うべきだとも考えられない。また、研究者が農薬や添加物をどの程度摂取すれば危険になるかを公表することが間違っているはずがない。

　しかし、実際にはそれらの異なる立場の人々の連携からフードファディズムが生まれた。専門家が○○g以上摂取すると危険であると発表したとする。専門家は「○○g以上」との摂取量を主張したい場合が多いのだが、受け手は「摂取すると危険」の部分に敏感に反応する。専門家は、摂取量として示された数値をそのまま多いか少ないかの判断に結びつけることができるが、一般の消費者にとっては付加説明がなければ量的に多いのか少ないのかの判断がつかず、「危険物が含まれている＝危険性あり」と判断する。

　いったん危険性が認識されると、マスコミと消費者リーダーが相互に作用しあって「摂取すると危険」との情報を広めることになる。マスコミは消費者団体の主張を根拠とし、消費者団体はマスコミの情報を根拠とした相互作用が生まれる。そして、一般にその危険性を示す情報が出現すれば、それを商売ネタに利用しようとする者が必ず出現する。「今までその危険性に気づかずに食べ続けてきたあなたは、寿命をどれほど短くしたかわかりません。いや、あなた自身はともかく、あなたはあなたの子供に毒物を食べさせているのですよ。幼少期からそんな毒物を与えると、身体や脳の発達にどれほど悪影響を及ぼすか、あなたは考えたことがないのですか？　子どもが苦しんで死んでしまうところを見たいのですか？　親として恥ずかしくないのですか？」というような言葉に続けて、「でも、この○○を毎日摂り続ければ、その解毒作用で被害を避けることができるでしょう。それどころか、この○○には……」というパターンで説き伏せてしまう。

　このパターンは確信的な悪質商法にみられるものである。論理展開は2段階に分けられる。一つ目は現在用いている商品が危険であるということ。二つ目

は、その危険性を避けるためには自社商品を購入すべきであるということ。冷静に判断するなら、科学的根拠等でより問題となるのは二つ目の自社商品の効用の方である。たとえば、公的機関が情報を取り締まる場合も、ターゲットとされるのは二つ目の効用に関する部分についてである。

　しかし、被害を受ける消費者にとって重要なのは、一つ目の話題として提供された、現在の危険性についての情報である。現在の危険性を非常に大げさに伝え、恐怖心を煽り立てて混乱を誘い、冷静に判断できない状況を作り出してしまえば、あとは穴だらけの論法でもうまく説得できてしまう。重要なのは、現在の危険性を認識させることであって、その根拠として「TV番組でも話題になった」や「消費者団体も危険性を指摘している」といった情報が殺し文句のように用いられる。

　このフードファディズムを代表とする情報の混乱について考えると、研究者レベル、マスコミレベル等の課題が見えてくる。研究者が情報を発信する場合、その社会的な影響というものを、より深く考えておく必要があるだろう。研究者は無意識のうちに、自分が研究している専門分野を、より社会的に重要な位置にあってほしいと願い、第三者をその方向に誘導するように働きかけてしまう傾向がある。

　栄養学の研究者ならば現代人の栄養バランスは悪く、何らかの栄養素が不足すると重大な危機に陥ると伝えがちだ。防菌加工や除菌剤の専門家は現在の生活の中に危険なレベルの細菌汚染があるかのように表現しがちだ。化学物質の分析を専門とする者は、基本的に社会的に重要性の認められる化学物質を分析対象としたいと考える。そして環境化学分析の専門家であれば、自分が分析対象として選択した化学物質の有害性が無視できないものであると伝える傾向がある。研究者の能力評価の尺度として、外部からの資金導入実績等が重視されるという背景もあり、上記のように自分の専門分野の重要性をより大きく表現する方向に靡くことはある程度仕方のないことかもしれないが、情報発信には相応の節度をもって臨んでもらいたい。特に、一般消費者レベルにまで伝わることが予測される情報発信の場合には、その情報を受けて生じる一般消費者の不安感がどの程度なのかを予測し、必要ならば「現時点では危険なレベルであるとは考えられませんが」といった中和剤的情報を付け加えておくべきだ。

また、マスコミをはじめとして研究者から情報を得る人々も、研究者には上記のように自分の専門分野の重要性を過度に伝える傾向にあることを認識しておく必要がある。そして、危険性については危険性の有無ではなく、程度の問題として認識することも求められる。危険性があるとの情報を得た場合、必ずその程度を確認すべきである。摂取量等の数値を与えられたところで、そのまま理解できないのは当然のことだ。情報発信者には、その数値が意味する明確なイメージを確認する必要がある。ただし、これらの数値に関する理解、また論理的な考え方については簡単には言い表せない問題が含まれるので、第8章で分かりやすく説明したいと思う。

VI　経皮毒商法

1. 経皮毒とは

平成20年2月20日付で経済産業省より、ある連鎖販売業者に対して業務停止命令が下された。その違反行為の内容として下記の文章が示されている。

> 同社の勧誘者は、他社の製品は有害で同社の製品のみが安全であるという事実がないにもかかわらず、「経皮毒という言葉を知っているか。皮膚を通じて体内にたまる毒のことで、市販の台所用洗剤に含まれている。」「一般に市販されている洗剤メーカーなどの商品を使っていると将来私たちは癌になる。同社の商品はすべてナチュラル成分でできていて、化学物質を使っていない。」等と告げたり、経皮毒の健康被害について説明するビデオやDVDを見せて、あたかも同社の製品のみが安全であるかのように告げたり、「同社の商品でアトピーが治る。」等と告げたりするなど、商品の品質、効能について不実のことを告げて勧誘を行っていました。

つまり、商取引の中で「経皮毒」との用語を用いて一般の洗剤・化粧品等の商品の毒性を強調する言動は、不実告知として処分対象に相当すると経済産業省から判断されたのである。この事実は、現時点では一般の洗剤・化粧品等に関して「経皮毒」をもとに否定的見解を示す科学的根拠は存在しないということをも同時に示すものである。

商取引上での制限と学術界での言論の自由は当然区別されるべきものであるが、「経皮毒」を用いた商取引上の問題は現在も収まっているとは言い難い状況

にある。
　この「経皮毒」をもとに繰り広げる商法を本書では「経皮毒商法」として扱う。これは主にバイブル商法としての色彩が強いが、ネットワーク商法を通じての激しい勧誘活動と、専門的知識の不足した専門家がその商法を後押ししたという点で特徴がある。専門家としての信頼性ゆえに、一部の学会誌にも紹介されたことがあり、後に当該学会が掲載を不適切だとする意見を表明し、問題点を説明する解説を掲載するなどの、混乱を引き起こしたこともあった。

2.「経皮毒」関連の情報の問題点
■1 誤解を生じやすい用語としての問題
　「経皮毒」は学術用語ではなく、一部の人々の間で使用されるようになった俗語とされるが、学術用語との間に混乱を招きやすいという点で不適切な名称である。化学物質等の毒性試験は投与経路として、経口、経皮、皮下、静注などに分類され、皮膚経由で投与された場合の毒性は「経皮毒性」と表現され、また毒性データの一覧表などでは「経皮」の分類項目の中でデータが示される。界面活性剤に関しても数多くの「経皮毒性」に関する試験結果がある。
　しかし、「経皮毒」を用いて語られる内容は、「経皮毒性」に関して行われてきた数多くの研究成果はまったく反映されていない。学術的研究として過去に行われてきた膨大な「経皮毒性」に関するデータや考察が完全に無視され、造語として登場して一部の連鎖販売の勧誘手段の中での殺し文句として独り歩きしてきたのが「経皮毒」である。
　たとえば、界面活性剤の一種のラウリル硫酸ナトリウムは「経皮毒」であると恐怖心を煽って連鎖販売の勧誘に用いる手法がある。まず、あなたの使っている商品にはラウリル硫酸ナトリウムが含まれていると説明する。ラウリル硫酸ナトリウムは「経皮毒」でいろいろな有害性があると強調する。だから自分が勧める商品を使えと迫る。これが典型的な勧誘パターンであるが次のような落ちが待っている。勧められている商品の主成分は実はココアルキル硫酸ナトリウムという物質である。このココアルキル硫酸ナトリウムというのは原料名からの名称であって、主成分はラウリル硫酸ナトリウムである。つまり「カゼインは体に悪いから牛乳の蛋白質を摂りなさい」と言うのと同じで、そこには論理的な意味は

まったく存在しない。販売を促進するためには「経皮毒」という用語に伴う恐怖を煽る効果のみに意味がある。論理的意味がなく恐怖心を煽る効果しか有していない用語であるため「経皮毒」が経済産業省から処分対象になったのである。

2 毒性を示す根拠の不足

「経皮毒」の用語を使って示される商品の危険性には根拠となるデータが見当たらない。これは経済産業省による業務停止命令に結び付いた大きな要因である。通常、毒性を論議する場合には対象物質の量的な論議が欠かせないのだが、この量的論議がまったく存在しないというのが「経皮毒」に関する最大の問題点である。農薬成分等の皮膚からの浸透性の強い化学物質のデータを引用して経皮吸収の多い物質があることを示すことはあっても、肝心の日用品に関わる物質についての量的論議はまったく欠けている。

実は、ラウリル硫酸ナトリウム（SDS）をはじめとして主要な界面活性剤の毒性については、ずっと以前から多くの研究が行われてきている。現段階で最も信頼できる情報源の一つである欧州のリスクアセスメント（HERA）の評価結果でも、アルキル硫酸エステル塩をはじめとする各種界面活性剤は、経口投与はもちろんのこと、経皮投与、皮下投与、静注投与等での毒性試験が行われていることが紹介されている。そして、経皮吸収量はわずかであって、体内に蓄積することもなく、人の健康に悪影響を及ぼすとは考えられない旨の結論が得られている。

特に日本では過去に界面活性剤の毒性について多くの論議が重ねられてきた歴史があるが、1983年の厚生省環境衛生局食品化学課（当時）による「洗剤の毒性とその評価」の発行によって毒性論議に一応の決着がついた。この書籍は各種界面活性剤の毒性に関するレビューであり、過去に行われた膨大な毒性試験で得られた数値データがまとめられたものである。また米国石鹸洗剤工業会（SDA）の報告書も日本では1981年にフレグランスジャーナル臨時増刊「界面活性剤の科学—人体および環境への作用と安全性」として発行されている。これもまた膨大な研究成果をまとめたものである。これらの書籍により界面活性剤の安全性が科学的に立証され、それまで数多く提出されていた界面活性剤の毒性論議が沈静化した。界面活性剤の毒性に疑問を持つ人々へデータを提供する回答集的な意味合いのある書籍である。

「経皮毒」をもとにSDS等の界面活性剤の有害性を訴える情報の問題点は、こ

れらの過去に行われた毒性に関する試験結果を無視しているか、むしろ、それらの研究成果が存在することを察知していなかったと思われる点である。SDSをはじめとする界面活性剤の毒性に関しては、経皮毒性試験をはじめとして、皮下投与試験、静注投与試験すらも行われている。放射性同位元素を用いた試験で体内蓄積性も調査されており、その蓄積性は否定されている。SDSに関する「経皮毒」の主張には、これらの過去の研究の蓄積が一切無視されている。

3 界面活性剤についての無理解

「経皮毒」に関する情報には量的な論議が無いだけではなく、提唱される毒性発現のしくみについても誤った解釈がなされている。ラウリル硫酸ナトリウム（SDS）の毒性発現機構については、①「SDSは油性物質であって分子が小さい → 油性物質は容易に皮膚から浸透し体内に入る → 油性物質は体内の脂肪に蓄積し種々の悪影響を及ぼす」、②「体に悪い油性物質がある → SDSは体に悪い油性物質を皮膚に浸透させる → 体に悪い油性物質が体内に蓄積して悪影響を及ぼす」の2パターンが提唱されている。①はSDSそのものが悪いとする説、②はSDSそのものが悪いというよりSDSが体に悪い物質を体内に取り込みやすくするという説である。

この①、②いずれの説も界面活性剤についての理解不足から生じたものである。界面活性剤は確かに不思議な物質で、ごく少量で界面の性質を変えてしまう。そして、実際にその性質ゆえに、過去に人体安全性や環境影響に疑問を抱く多くの人々が現れ、活発な論議が展開されてきたのである。だから水俣病などで被害者側に立った研究者などを著者として「洗剤の毒性とその評価」がまとめられた。このように積み重ねられてきた論議、すなわち量的観点から危険性の有無を争点とした種々の論議と比較すると、上記の説、①、②は学術的レベルが非常に低い。

①については、界面活性剤にも種々の種類があるという点の理解が欠けている。表5-1に示すのはHLBという親水、疎水のバランスを示す一つの指標である。基本的にHLB値は非イオン界面活性剤に適応するものなのでSDSの値を表すことはできな

表5-1 界面活性剤のHLB値と用途

HLB範囲	界面活性剤の用途
3～6	W/O乳化
7～9	湿潤・浸透
8～15	O/W乳化
13～15	洗　浄
15～18	可溶化

いが、強引に当てはめるとSDSのHLB値は20程度になり、大変親水性の高い部類に属することになる。洗浄よりは、むしろ極性物質の可溶化に適する界面活性剤である。よって、血液成分のように、少し親水性を付与することによって溶けやすくなる物質には、溶血作用のような形で可溶化能を示す。しかし、親水性が高いために皮膚からの浸透量も少なく、ましてや体内の脂肪分への蓄積性もほとんどない。皮膚からの浸透性も体内蓄積性も、過去に多くの研究が行われており、通常の使用方法では安全性について心配する必要はないと結論付けられている。

②については、界面活性剤の濃度特性、乳化・可溶化の仕組み等についての理解不足が原因になっている。図5-1に示すように、界面活性剤の性質は濃度によって大きく変化する。臨界ミセル濃度（cmc）まで表面張力が低くなり、ぬれ性も高まっていくが、乳化作用や可溶化作用などはcmc以上になって初めてその作用が現れる。cmcは界面活性剤の会合体であるミセルが形成され始める濃度を指すが、乳化に働く界面活性剤はミセルから供給され、可溶化はミセルの中に対象物質が溶け込んでいく。いずれもミセルが存在することが必要条件であって、低濃度では乳化作用や可溶化作用は現れない。

洗髪用シャンプーやボディシャンプーなどの場面では、油成分は界面活性剤で乳化されるか可溶化された状態で存在する。そしてその乳化された油の粒子や可溶化で油と融合する会合体の大きさは、決して皮膚から浸透しやすくなるほど小さくはならない。また、その油の粒子や会合体の表面は親水性になっており、疎水性である皮膚からの浸透がより一層妨げられると考えられる。何より、皮膚に塗った油汚れに洗剤液を作用させると、その油汚れは皮膚から内部に浸透するのか、あるいは洗剤液に包まれて外部に持ち出される（洗浄される）のかを想像すれば簡単に理解できるであろう。油と界面活性剤が交われば、油が肌から離れる方向に進んでいくことは明らかである。

なお、化粧品乳液などの乳化状態にある界面活性剤には、新たに界面活性剤と

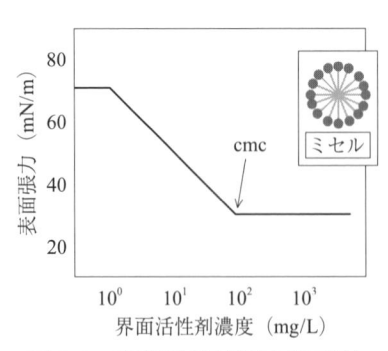

図5-1 界面活性剤の濃度と表面張力

して作用する余力がほとんど残っていないことも理解しておく必要がある。界面活性剤は油と水の界面が一番安定に存在できる部分なので、乳化状態の油粒の周りに吸着した界面活性剤が、そこから離れて何かの仕事をするということはほとんどない。この吸着性があるため、固相抽出という実験操作で界面活性剤を抽出することができる。「経皮毒」関連の情報の中に「乳液には界面活性剤が入っていてその界面活性剤の界面活性によって種々の悪影響が現れる」と展開する説明をみかけるが、乳化に関する界面活性剤の知識不足が起因した誤情報である。

3. 根本的な原因
1 2.5次情報としての問題

「経皮毒」に関する情報の混乱は、2.5次情報に関する典型的な問題であると判断できる。「経皮毒」の出発点の情報を探ると、合成洗剤・石けん論争での3次情報や4次情報等の中の明らかに誤った内容の影響を受けていることがうかがえる。たとえば界面活性剤の発ガン性や肝臓障害等に関する情報に着目するとわかりやすい。これらは専門家レベルでは完全に否定された情報である。専門家の中に合成洗剤に否定的な見解を示す者も多いが、発ガン性を肯定することはない。また界面活性剤の肝臓障害の危険性なども、都市伝説的なものとして気にかけられることもなかった。肝臓への影響は、通常の慢性毒性試験の閾値以上での症状の一つであり、量的に慢性毒性の危険性自体が否定された状況では意味がない。

しかし、「経皮毒」関連情報の中で専門家によって著された2.5次情報に相当する書籍の中では、発ガン性や肝臓障害などが界面活性剤の有害性として記されている。これは、明らかに界面活性剤の実際の毒性についての知識の欠如を示すものである。また、界面活性剤の物理化学的特性に関する理解も欠けているのは先述した通りである。

専門家が守備範囲を広げて他の分野にチャレンジしていくという姿勢は、本来は非常に好ましいことである。今後複雑化していく環境問題、そしてグローバルな規模で進行していく安全性論議の質を高めるため、さまざまな分野の専門家が守備範囲を広げて連携していくことが求められる。ただし、一般消費者向けに情報を発信する場合には、少なくとも関連分野の学術研究のおおよその流れを把握

しておく必要がある。これが、情報社会における情報発信者としてのモラルであろう。

2 洗剤関連の安全性に関する情報の風化

　日本では1960年頃より合成洗剤をめぐっての安全性論議が活発に展開されてきた（表5-2）。1980年代には「洗剤の毒性とその評価」の発行などもあり、毒性論議は落ち着きを見せ、環境問題に関する視点が広がった。1990年代には「地球」視点の環境問題が注目されるようになり、それまでの合成洗剤有害論の根拠について疑問がもたれるようになった。科学性を重視する消費者組織は省エネ・省資源の観点からの商品評価の在り方などにも注目するようになり、2000年代には合成洗剤に否定的であった主要な地域の生活協同組合が、地球視点では必ずしも否定されるべきものではないとして合成洗剤を認めるように方向転換した。

　このように、洗剤をめぐる安全性・環境影響についての論議は、表面上落ち着

表5-2　日本における洗剤論争の経緯

1951	合成洗剤国産第一号登場
1961	合成洗剤有害説登場（肝臓障害） ABSの発泡問題が報道される 合成洗剤の有害性を論じた粉石けん販売用パンフレットが発行される
1962	合成洗剤の有害性を主張する記者会見や書籍発行 合成洗剤による誤飲中毒死事件の報道（裁判で1965年に原告敗訴）
1967	LAS等の界面活性剤に対する催奇性の研究が発表される（～1970年代半ば）
1976	LAS等の催奇性が公式に否定される
1977	琵琶湖で大規模な赤潮が発生し石けん推進運動が活発に
1979	滋賀県の琵琶湖富栄養化防止条例制定
1980	無リン洗剤が発売される 合成洗剤反対運動が分裂
1983	「洗剤の毒性とその評価」（厚生省編集）が発行される
1986	石けん推進運動の風化が報道される
1994	パーム油の環境問題の報告が石けん運動にショックを与えたと報道
1996	超コンパクト型洗剤が登場
1997	日生協「水環境と洗剤」の発行（一般的な合成洗剤の有害性に否定的）
2000	コープとうきょうでLAS・蛍光剤配合洗剤の取扱がはじまる（2002さいたま）
2006	多くの関東地区生協でLAS・蛍光剤配合洗剤の取扱がはじまる（～2008）
2008	びわ湖会議（「琵琶湖を守る水環境保全県民運動」県連絡会議）が解散

いてきたように見えていたが、その流れの中で、界面活性剤の毒性についての情報が入手しにくい環境になってしまったという側面もある。「洗剤の毒性とその評価」および「界面活性剤の科学」は界面活性剤の毒性論議に関する決定版として位置づけられるが、現在では新たに購入して入手することはできない。当該書籍を所有していない者は一部の図書館で閲覧する以外に方法がない。つまり、界面活性剤の毒性を語る上で必携の書として位置づけられる資料が絶版となって入手し難い状況になっている。当然ながら「経皮毒」の情報発信者も、それらの情報にはアクセスできていなかったに違いない。その内容を察知していたなら、とても「SDSは経皮毒」との表現は使えないからである。

このように関連情報へのアクセスが困難になった原因を厳しく捉えるなら、界面活性剤の毒性についての知識を有する専門家・研究者が、界面活性剤の毒性についての情報を提供する努力を怠ってきたことも一つの原因と考えることもできるだろう。界面活性剤、および関連化学物質の安全性・毒性について、出典やデータをまとめたレビューを継続的に発表していく等の対応も求められたのではないだろうか。再び「経皮毒」のような情報混乱を起こさないためには、そういった視点からの対応が求められる。

「洗剤は通常の使用で安全だということが国で認められています」との表現の情報を見かけることはよくある。しかし、複雑な表現を避けるためであろう、量的な根拠は一般には示されない。しかし毒性に関する量的根拠に関する情報の不在は、「洗剤は毒だから」との洗剤有害論自体を出発点とする誤情報を広げることにもつながるのではないだろうか。水や糖分を含めて、量的論議抜きではほとんどすべての物質を毒物に仕立て上げることは難しくはなく、洗剤を毒物に仕立て上げる情報操作など非常に簡単である。量的根拠たるデータは、それ自体に対する直接的な需要は少ないかもしれないが、安全性に関する消費者情報環境を整備するという観点からはその存在には大きな社会的意味がある。それを深く再認識させられる一件であった。

第6章

環境情報を発信するための手順と注意点

I　情報発信に関する一般的課題

　インターネットの普及をはじめとする社会の高度情報化に対して、個人レベルでも、社会レベルでも対応が進んでいない。情報量の増大に対して情報整理が必要であることを共通認識する必要がある。また情報の価値が向上したことを受けて、関連する権利や責任が増したことを認識することが個人的に求められ、社会的には情報教育体制を整備することで個人レベルの情報化適応を援助することが求められる。特に、消費者レベルでもたらされた重大な情報環境の変化、すなわち一般消費者が個人レベルで情報を発信できるようになった情報環境に対応できる社会的サポートは重要だ。

　従来の消費は、生産者が生産したモノ・サービスを消費者が消費するという単純な図式で表されるものが大部分を占めていた。情報の流通に関しても基本的にはマスコミを中心とした生産者と、一般市民である消費者の関係が成立していた。しかし、インターネットの普及は消費者に情報発信の機会を提供することになった。一般に消費者は情報通信サービス企業から情報発信環境のサービスを提供される。よって、情報通信サービス企業が生産者、一般市民が消費者である生産者－消費者の関係が成立する。一方で、情報発信行為は生産活動に相当するので、情報通信サービスの消費者は生産者の立場にも当てはまることになる。

　情報発信環境を利用して情報を発信する者は以前から存在していたが、それは営利活動の一環としてなされるものが大部分を占めており、立場としては生産者に属する者が主体であった。しかし、インターネットの普及とともに情報発信行為そのものを消費するという新たな消費者が登場したのである。営利活動として情報発信を行うのではなく、基本的に情報発信行為そのものを消費するという、生産者的消費者である。

この生産者的消費者は、情報関連産業にとっては新たなニーズ・シーズを生み出す貴重な存在であるが、肝心のネットユーザー側はその立場に適応しきれていない。具体的には、情報の生産者であることを自覚することなく情報の生産者になってしまっている。当然ながら、情報生産者としてのモラルや責任についての知識を持ち合わせていない場合が大部分を占める。

　本来は社会として、その問題に対応できるようなサポート体制を整備すべきなのである。学校教育や生涯学習の場では、インターネットの利用のための機器操作等が扱われることが多くなったようだが、それとともに、情報発信のためのモラルや責任についての知識を普及させる必要がある。

　しかし、情報発信の環境自体が新しいものであるため、情報発信のための教育内容などは整備されているはずもない。今後、早急に消費者レベルで情報発信に取り組む際の注意点が整理され、消費者教育に取り入れられることが望まれる。

II　環境情報発信の一般的手順

1. 情報発信のための4つのステップ

　ここでは、一般消費者レベルで手軽に手がけることのできるインターネットのWEB情報発信を事例として、環境情報発信の手順について考えることとする。環境情報は一般に理化学的データを元とした情報であり、発信の手順には情報収集・整理の段階があり、次のステップで進められるのが一般的である。

　①情報発信目的の明確化
　②情報収集・整理
　③情報発信
　④発信した情報へのフォロー

　情報収集・整理については第3章で説明した。また情報発信の段階の手順はWEBページ作成のアプリケーションを用いてワープロ原稿と同様に作成することができ、最近はBlog（ブログ）という日記形式のWEB情報発信を簡単に実行できるネットサービスを簡単に利用できる。Facebookやmixiなどのソーシャル・ネットワーキング・サービス（SNS）も情報伝達能力を増している。情報をネット上に載せていくための手段についての説明は各所にみられるのでその点で

は特に困ることはないであろう。よって、実際の情報発信プロセスの中の重要なステップは①の「情報発信目的の明確化」と④の「発信した情報へのフォロー」の部分である。以下、その2つのステップについて説明する。

2. 情報発信目的の明確化

　まず、情報を発信する場合には、その目的を明確にする必要がある。現在は、情報発信環境が手に入り、とにかく使ってみようとの動機をもとに情報発信が行われる場合が多いようだが、本来は目的を明確にして適切な手順で準備を整えて情報発信に当たるべきである。目的を明確にするには、次のような点についてチェックするとよいだろう。

■1 情報発信の動機

　情報発信の目的を明確にするには、動機がどういうレベルのものかを確認することから始まる。環境情報の場合には、一般には社会貢献型の動機と個人満足追求型の動機に分けて考えることができる。

　いったん不特定多数に向けて情報を発信したならば、情報発信者は情報ネットワークの一機関として機能するようになり、社会的なつながりを意識する必要が生じる。その際、情報発信者と社会との間で、信頼性や責任感等に関して、どのようなレベルの関係を築くのかを表明することが求められる。

　最近は学校教育での調べもの学習にインターネット上での情報検索がよく用いられるようになったが、その際、無責任に発せられた誤情報が、児童・生徒に誤った知識を与えるという問題が多発するようになった。学校教育で情報収集・整理の注意点についてしっかりとした教育を実施することが望まれると同時に、情報発信者にも、発信する情報の信頼性等について誤解を与えないように取り組む姿勢が求められる。

　そういう視点から情報発信者に求められる対応の第一歩が、社会的貢献－個人満足の尺度でのレベルを表明することである。仮に間違った情報を発信したとして、その誤情報を信じた者が被害を受けた場合にどの程度の責任を持てるのかという基準設定である。学校教育等での利用をも推奨する文書とともに、何らかの商品を批判するWEB情報を発信したとしよう。それが科学的にはとんでもない間違いであったことが発覚した場合、どのように対処できるであろうか。その対

応のあり方で、社会貢献型か個人満足型かが判断できる。「私は専門家ではないのだから多少の間違いは仕方がない」としてうやむやにする対応が予想されるレベルならば、それは個人満足型の情報発信である。一方で、社会貢献型の情報であるならば、誤情報が含まれていたことを明示し、訂正情報を広めるよう取り組むことが基本姿勢となる。「学校教育にも利用してください」といった表現は、実は大変な重みがあるのである。その誤情報を信じたために、第三者が入学試験に失敗するといった場面を想像すると分かりやすいであろう。社会責任との観点からは、その情報がきっかけとなって商品が販売不振に陥り、企業が倒産するといった場面を想像すると分かりやすくなるであろう。

そのようなシリアスな要求には応じられない個人満足型の動機で情報を発信する場合には、まずその情報利用の注意点として、「あくまで個人的な意見を表明するページであり、データや事実関係についての記載内容には責任を持てません」といった注意書きを明記しておくことが望まれる。

❷内　容

一般消費者レベルで環境情報を発信する場面を想定し、どのような内容を扱うかを決定するプロセスについて考えてみよう。まず発信した情報が論争に関連するか否かが焦点になる。論争との関連性とは、意見の対立する争点が存在する話題かどうかといった点である。

論争に関連性が薄い情報とは、例えば、自然保護を訴えるために身近な地域に生息する動植物の写真を紹介する、教科書レベルでも認められている事実について解説するといった情報である。これらは論争の対象ではないため、情報発信によってトラブルが生じることはあまりない。記述内容の誤り等に気遣い、誤りがみつかれば訂正情報を掲載すればよいだろう。

論争に直結する情報とは、原子力発電の危険性、自動車の排ガスの問題、農薬の毒性、食品添加物の危険性など、その情報が産業界や産業界に対立する団体等の間に密接な利害関係を有する話題に関する情報である。これらの話題に関与する情報を発信する場合には繊細な注意が必要になる。いわば、情報をめぐる利益団体間での戦争に参加するといってもよい状況である。そのターゲットは一般市民・消費者で、いかに賛同者を広げるかを目指した情報戦である。情報を収集して判断するまでの一般消費者は、その情報戦争の戦果としての存在なのである。

このような情報発信に加わり、特に対立する立場の片側を非難する情報を発信することになれば、その情報戦争に本格的に加わることになるのである。

しかし、一般消費者レベルから営利目的ではなく情報発信に加わるようになった生産者的消費者は、このような情報戦争の背景を認識していない。一般消費者として不安に感じたことを表明するのと、不安要因を社会的に排除するための情報を発信するのとはまったく次元の異なることであることを認識し難いのである。たとえば、「〜との危険性を伝える情報を見聞きしたので、私は食品添加物として化学物質Aが使われている食品を避けたいと思います」というのと、「〜などの危険性のある化学物質Aの使用された食品は避けるべきです」との情報を比較してみよう。どちらも化学物質Aの危険性に関連付けて食品を避ける行為について述べているが、前者は他所の情報をもとに自分自身がどう判断したかを示しているのに対して、後者は化学物質Aの有害性を事実として肯定的に伝えるとともに、第三者に向けて関連食品を避けるよう呼びかけている。つまり、前者は一消費者としての感じ方を述べた情報なのだが、後者は情報戦争に参加する情報なのであり、意味合いがまったく異なってくる。

情報戦線に参加するような情報は、基本的には個人的満足を得るために手をつけるべきではない。ある商品の危険性などを訴える情報は、一見、勇ましく格好良い言動に映るかもしれないが、本当に危険であるとの科学的確証を得た上での社会貢献レベルの動機がなければ着手すべきではない。

一方で、これらの論争に関連する話題でも、中立的立場から発するものは、トラブルに発展する可能性が低くなる。関連するデータを収集して分かりやすく整理した結果を公開するとか、ある争点に関して種々の意見を収集してまとめ、コメントを付けるといった内容ならば、論争の当事者の片側を一方的に支持することにもなり難い。ただし、情報収集・整理には相当な労力が要求されるので、個人的満足を動機とした情報発信には荷が重いだろう。

表6-1 社会貢献型情報と個人満足型情報

		社会貢献	個人満足
論争に無関係		○	○
論争に関連	論争参加	○	×
	情報整理	○	△

以上のように、社会貢献レベルでは論争への関連性に関係なく、どのような話題も取り扱うことができる。一方で、個人満足レベルの情報発信ではできる限り論争に

関連しない話題を選ぶことが推奨される。

　社会貢献的な意味合いで情報発信に取り組む場合には、その影響力がなければ意味がない。誰も注目してくれない情報では社会貢献には結びつかないからだ。社会貢献型は自己満足型よりも労力等の面で著しく負担が増すが、社会とのつながりや、やりがいを感じることのできる情報発信になる。しかし、せっかく努力してホームページを開設しても、誰も見にきてくれないようでは情報発信が失敗に終わったことになる。社会貢献型では、何らかの形で社会に影響を及ぼすことができる情報発信に取り組む工夫が必要になる。

　社会貢献型の情報発信を目指す場合、まずは社会的な需要の有無、オリジナリティの有無を考慮して情報発信の計画を立てる。情報発信の対象として、大学生、一般主婦、小・中学生、特定分野の専門家など、どのような社会属性をターゲットにするのかを明確にする必要がある。特に注意すべき点は、社会貢献への意欲が空回りしないように冷静に計画を立てることだ。自分では価値があると思っても、実際にはその情報を役立ててくれる人々が存在しないなら、社会貢献型ではなく自己満足型の情報発信であったということになる。大学で筆者が担当する授業の中で環境情報の発信計画に関する実習を行うことがあるのだが、受講生から提出される課題には、小・中・高校生の環境学習に役立つようなページ作りということで、クイズ形式で場面が進行していくような教材的な内容のWEBページの製作提案をよく見かける。しかし実際の学校教育の現場では、インターネットを用いて学習を進めていく時間的ゆとりはほとんど期待できない。

　また、すでにレベルが高く分かりやすい情報源が存在する場合、同様の内容でレベル的に下回る情報を発信することは社会貢献型ではなく自己満足型の情報発信になる。優れた情報源が存在する場合は、その情報源の案内だけでよく、レベルの低い情報源を不用意に増すことは、かえって優れた情報源へのルートを見えにくくしてしまうことになる。

　また、論争参加型情報では匿名状態で情報を発信することは適切ではない。匿名状態を前提として意見交換を行うインターネット上の掲示板等での発言は別として、第三者に対して影響を及ぼすことを目的とした社会貢献型の情報発信では、その発言に対する責任の所在を明確にすることが望まれる。また、情報発信者の経験や社会的立場が情報の信頼性を大きく左右するのも論争参加型情報の特

徴である。化学物質の毒性についての論議ならば、その分野の専門家であるとか、被害情報を収集しやすい立場にあるといった、情報発信者の社会的属性を示すことが望まれる。

インターネットの個人サイトから発信される情報の中で、自らは匿名状態の立場に置いて、特定の商品や公人を非難する告発型情報を見かけることがあるが、これはインターネットのシステムを悪用した不適切な情報発信である。確かに、カルト集団の告発といった身に危険の及ぶ可能性のある場合もあり、匿名での情報発信が必ずしも否定されるべきではないが、マスコミや行政機関に対して情報を伝達することによって解決できる問題を、いきなり匿名で不特定多数に拡散するというのは好ましい対応策ではない。不特定多数への情報発信が匿名で許されるならば、その状況が悪用される社会的リスクが大きすぎる。実際、インターネットの社会的問題の多くは、これらの匿名性を代表とする、情報に対する責任所在の不明確さが原因になっている。社会貢献を動機とした情報発信者は、基本的には匿名状態は避けるべきである。

3. 発信した情報へのフォロー

社会貢献的な情報発信で最も重視されるべき段階が、発信した情報へのフォローである。一般消費者レベルで情報発信に着手される際には、あまり考慮されることがないステップである。発信した情報へのフォローとは、具体的には、①発信情報に誤りの訂正および関連処理、②発信情報に対する意見・指摘への対応、③古くなった情報の更新、④不要情報の削除および必要情報の追加、などである。

■1 発信情報に誤りの訂正および関連処理

情報発信者の責任として、発信した情報に誤りがあることが判明すれば、訂正のためのアクションをおこすことが求められる。ホームページで情報発信を行う場合なら、比較的簡単に訂正ができる。ただし、自分のホームページなのだから書き換えるのも勝手だということではない。その訂正を行った箇所や日時がわかるように、ホームページの更新履歴を示しておくことが望まれる。発信してしまった誤情報に対するフォローが重要であって、情報発信者が誤情報に気付き、訂正情報を発信するまでの過程（訂正した年月日等）を含めて訂正情報として発

信することが望まれる。

　また、元の誤情報は訂正したのだから消去してしまってもよいというのではなく、必ずバックアップデータとして保存しておく必要がある。発信情報の誤りに関するトラブルは、時として裁判で争うような事態にも発展しかねない。しかし、万一そのような状況に陥ったとしても、しっかりとした証拠を保存していれば何も怖がることはない。もし、過去に発信した情報のバックアップを取っていなかったら、第三者から身に覚えのない情報発信を追及されたとしても、それに反論する根拠がなくなる。また、情報に関する証拠は情報発信者に求められるのが一般的である。特に、業界の営利の絡む分野の情報を発信する場合には、細心の注意が求められる。

❷発信情報に対する意見・指摘への対応

　発信した情報には何らかの反応が返ってくることが良くある。電子メールで応援メッセージをもらったり、逆に攻撃的な内容のメールをもらったりとさまざまだ。その中で、発信した情報に直接関連する質問を受けた場合には、できる範囲内で返答することが望まれる。ただし、発信した情報に直接関連する内容に限られる。ある事実関係について参考にした文献を示す、または結論を導くまでの論理展開について説明する等である。

　発信情報に直接関係ないことまで答える必要はない。インターネット上の検索サイトを利用すれば簡単にわかる用語の解説にまで責任を持つ必要もない。インターネットユーザーの中には、パソコンにインストールされた百科事典アプリケーションやインターネット上の検索システムを利用するのと同様の感覚で、電子メールで質問を送信する者も見受けられる。それは、悪気があるのではなく仕組みが理解できていないのであって、辞書代わりに個人宛の電子メールは利用できないことを理解してもらうためにも、親切に返答することは避けた方がよいだろう。

　一方、情報発信者の立場を良く理解した上で、大変参考になるアドバイスや応援メッセージをもらったときには、礼儀正しく相応の対応を行うことが望まれる。

■3 古くなった情報の更新

　リアルタイムで情報を更新する部分を含んだページや、自己紹介を含んだ人物紹介などを含んだ情報は、定期的に内容を更新していくことが要求される。

　インターネットによる情報発信で、この情報更新が問題になる典型例がリンク集のページ作成である。インターネット上の情報探索にはキーワードを含む情報の一覧を提供してくれるタイプの検索サイトがよく用いられるが、環境問題の中のある一分野に限るならば、それらの情報源を簡単な説明付きで紹介してくれるタイプのページが役立つ。そして、そのような形式のリンク集のページも過去に数多く立ち上げられたのだが、失敗してしまった事例も多い。その失敗の第一の原因が、情報の更新、特にリンク先としたページの消失、またはURL変更に対応できないことである。

　リンク集ページは、役立つであろうことが連想されやすく、ホームページ作成を行う人にとっても人気のある題材なのだが、作成時にいくらやりがいを感じたとしても、後々維持するのは労力多く満足感の得がたい作業になる。新たなページを発見して追加する作業は楽しみもあるが、すでに登録済みのサイトについてURLの変更はないか、また内容の大きな変化はないか等の点をチェックする作業は、あまり楽しいものではない。

■4 不要情報の削除および必要情報の追加

　上記の他に、不要になった情報を削除し、新たに情報を付け加えるといった作業を行い、内容をいつでも斬新なものにしておくことがホームページ作成の成功のカギになる。

　社会貢献型の情報発信では、社会的影響力が成功の鍵となるが、発信した情報を受信してくれる人々がいなければ、社会的影響力は発揮できない。ある程度は目立たなければ意味がなく、定期的に閲覧にきてくれるネットユーザーを確保できたなら、内容次第で情報発信の影響はいくらでも大きくすることが可能になるだろう。

Ⅲ 情報発信プランニング事例より

1. 地球温暖化のメカニズムに関する情報発信

　ここでは、一般消費者レベルで、インターネット上に環境情報を発信するプランの具体例について検討し、情報発信のあり方のついて考えたいと思う。

　筆者の担当授業で学生から提出される環境情報発信プランの代表的パターンが、ここに示す「地球温暖化のメカニズム」に類する情報発信プランである。分野として地球温暖化に関連するプランが多いというのではない。授業や書籍等で得た知識をまとめて発信するというパターンが代表的なものだということだ。しかし、知識提供型の情報発信を思いついたなら、その情報がどのような場面で利用されるのかを考える必要がある。一般には小・中学校等での授業で利用されることなどが想定され、種々の工夫の取り入れられたプランが提案されるのだが、その大部分は需要の少ない自己満足型情報になってしまいがちだ。

　基本的に知識提供型情報はすでに多くの情報源が存在し、環境省などの公的機関や専門家が発信している情報も多く存在する。「地球温暖化のメカニズム」という、ごく一般的な内容では、一般消費者レベルで既存の情報よりも価値ある情報を作成するのは非常に困難だ。また、学校教育では時間的ゆとりも少なく、教材としてインターネット情報がそのまま利用されることは望めない。よって、知識提供型情報の発信では、競合する情報源との間の差別化を第一に考える必要がある。

　消費者レベルで情報発信を行うなら、教科書的な知識を伝える内容は好ましくない。むしろ、種々の意見が対立している等の混乱状態にあるテーマを選択し、関連する知識を整理して伝える方がよいだろう。たとえば、地球温暖化に関して一般にいわれていることを否定的に捉えている情報を整理するもの、地球温暖化に対して日本として取り組めることにはどのようなものがあるかを示すもの、専門家レベルでも意見がまとまっていないポイントについて情報を収集整理するもの、また一般市民レベルの意見が重要である点に絞って情報をまとめたもの等がよいだろう。

2. 化学物質の毒性に関する情報発信

　一般消費者レベルでの化学物質の毒性についての情報発信は、環境ホルモンや生活の中の食品添加物、農薬、合成洗剤などの化学物質の毒性について問題意識を抱きそれを広めたいという動機、またはそれらの毒性を主張する情報の誤りを指摘したいという動機からプランされる場合が多い。以下、化学物質の毒性指摘、化学物質の毒性指摘情報の問題点指摘、そしてその他のパターンについて、それぞれの情報発信の注意点について説明する。

❶化学物質の毒性指摘

　化学物質の問題点を指摘する情報については、同様の情報源が非常に多いということ、そして自分の得た情報の科学的レベルがどの程度なのかという点に注意する必要がある。化学物質、特に身近な商品に含まれる化学物質の毒性情報は、一般消費者にとっては重大な関心事項であり、何らかの媒体を通して化学物質の毒性を指摘する情報に接触した場合に、大きな危機感を抱くとともに、その情報を世に広めてその化学物質をいち早く排除する方向に働きかけたいという意識を抱くようになる。

　その結果、化学物質の毒性を指摘する情報が多数発信されるようになっているが、この種の情報を発信する場合には、多数の同類情報が発信されているという現状をまず認識すべきだ。社会的な影響力を行使することを考えたならば、特徴のある情報発信が望まれるので、同類の競合情報を把握しておく必要もある。

　また、ある種の商品に関連するネガティブな情報を発信する場合には、相応の責任が伴うことを意識しなければならない。実験的に発ガン性の認められていない物質を使った商品が、根拠なく「発ガン物質」のレッテルを貼られ、そのために販売に悪影響が生じたとすれば、場合によっては商品の製造会社や販売会社から情報発信者に対して損害賠償責任が問われることにもなるだろう。悪評を広められた病院が、匿名掲示板の管理者を訴えて損害賠償の請求が認められた事例もある。一般消費者が発信元であっても、情報発信の責任は免れられないのである。根拠のない誤情報を発信することは社会的責任に問われる行為なのだ。

　実際、化学物質の悪影響を主張する情報源には、アトピービジネスやフードファディズムにみられるように、悪質情報を利用して消費者の不安感を増して、そこに付け入って商品・サービスの販売を図るための情報が非常に多いのだが、

それらの誤情報で不安感を増幅させた一般消費者が、良心的に誤情報を広める情報発信を行う事例も多いようだ。しかし、理由がどうであれ、情報を発信すれば情報の生産者となり、その情報に関する責任が問われる立場になる。自身も誤情報にだまされたと言い訳したくもなるだろうが、元情報の真偽について確認を怠ったという点で責任が問われるのである。

　化学物質の問題点を指摘する情報を発信する方法として、次の2つのパターンが考えられる。ひとつは、自身の消費者の立場を明確にし、どういう情報からどのような不安感を抱いているかを説明するというものだ。自身の心の動きを客観的に説明するのである。自身に影響を与えた書籍やインターネット上の情報源を明確にして、「これが真実だとすると、その商品は販売されるべきではないと消費者の立場から感じます」と主張するのである。他者の発する情報が真実であることを前提とした表現を用い、「その商品には毒性があります」や「その商品を買うのは止めましょう」などの表現は、できるだけ避け、主観のみを述べるのが良い。

　二つ目のパターンは、化学物質の問題を指摘する意見、それに反対する意見の両者を十分に把握し、一般レベルで考えられる十分な情報収集・整理を行った上で化学物質の問題を指摘するというものである。反論する立場の主張も十分に理解した上での化学物質有害論ならば、短絡的に「〜には毒性があるので排除しましょう」とはならないはずだ。問題とされる情報は、根拠のない情報を元に有害性を主張する情報であり、相応の根拠があればネガティブな情報も問題とはならないのである。

　なお、合成化学物質を否定する際に、合成化学物質に頼った世の中は間違っていると思うから合成化学物質を排除すべきとの論理展開であるならば、その主張は第三者から否定されるべきものではない。ただし、その際に特定の商品だけを狙い打ちする情報であったならば、その部分についての説得力のある理由の説明が求められることになる。

2 化学物質の毒性指摘情報の問題点の指摘

　先述したように、化学物質の毒性指摘情報には科学的根拠のない無責任な悪質情報が多く含まれている。そこで化学的知識の相応に備わった人々からは、その点を問題視する情報発信を行いたいとする動機が生まれる場合もある。筆者の授

業での情報発信プラニング実習でも学生からよく提案されるパターンの一つである。

しかし、この種の情報発信に学生等が携わることを筆者は推奨しない。実は、化学物質の危険性を主張する情報は、科学的に誤りのある情報を利用して不安感を誘う悪質商法や、政治的な勢力を拡大するための運動等にも関連している場合が多い。一般の社会モラルから逸脱した言動をとる者も関与しているので、悪質な攻撃を受ける可能性がある。悪質商法や政治的な運動にとっては、科学的な正誤はあまり重要ではないので、いくら科学的な裏付けの準備をしていたとしても、それだけでは防御手段としては不十分である。

悪質情報発信者から何らかの圧力を加えられた場合に、かえって相手に不利益が及ぶという状況を作り出しておくことが、不当な圧力行為を防御する手段となる。マスコミ媒体やその他のメジャーな媒体を通じて発言力を確保しておく等の守備体制が要求される。そのような準備なく、悪質商法等に関する批判的言動にタッチすることは大変な危険性を伴うので、決して学生等の立場から単独で取り組んではならない種類の情報である。

❸ その他のパターン

化学物質の毒性について、化学物質否定派と化学物質肯定派のどちらの立場にも立たないで、中立的なデータを提供するという情報は特に問題なく、手法によっては非常に役立つ情報発信が可能となる。たとえば、ある化学物質の毒性についての種々のデータを分かりやすく解説する、また肯定的意見と否定的意見をその出典とともに並列して解説するといったものが考えられるであろう。

特に注目すべき点は、化学物質の毒性に関する情報は一般には非常にわかりにくいという点を念頭におくことである。化学物質の毒性値を示すデータベースもインターネット上で閲覧でき、専門家からの優れた情報も比較的多くみられるが、それらは化学知識の備わっていない者には理解しがたいものである。それで、非常に分かりやすく「○○は発ガン物質ですから××の商品は使ってはなりません」といった明快な情報が影響力を持つようになっているのだ。しかし、これらの明快に化学物質を否定する情報には科学的な問題を多く含むものが圧倒的な割合を占める。現状では、化学に疎い者にも分かりやすく正しい情報を伝える情報が少ないのである。

一般消費者に理解しやすいように、専門家レベルの科学的な正確さで情報を発信するのは困難であるが、悪質情報よりはずっと優良な情報発信は可能だろう。特に何らかの化学物質や商品、または関連情報を否定するのではなく、あくまでデータを提供することに主眼をおいた情報発信は役立つだろう。ある化学物質についての肯定的意見と否定的意見をまとめるため、各種の争点ごとに著作や関連WEBサイトの紹介をしていくといったものも、まじめに化学物質の毒性について学習しようとする人々にとって大変有益なものとなる。

3. ゴミ分別に関する情報発信

　ゴミ分別に関する情報発信時にも、その動機を明確にすることが第一歩になる。地域で定められたゴミ分別システムがすばらしいと感じて他の人々にも伝えたいと思ったのか、ゴミ分別に関する取り決めに従わない人がいることに対して問題を提起しようと思ったのか、現在定められているゴミ分別法に対してゴミの資源化のために改善すべき点があることを主張したいのか、ゴミの分別自体に意味があるのか疑問に思っていることを主張したいのか、といった点を明確にするのである。その上で、自身の学習の一部として情報発信を行うのか、または社会に対する影響力を行使することを目的として情報発信するのかを見定める。

　ここでは、ゴミ分別の方法紹介をテーマとした情報発信のあり方について考えていくこととする。

❶ゴミ分別のマニュアル

　ゴミ分別の方法紹介に関する情報では、まずは自治体等が発信している情報を競合相手として意識する必要がある。たとえば、ある地区でのゴミ分別の方法について、ゴミ分別を行う側の人々に分かりやすく解説する、いわばマニュアル的な情報は、本来は自治体から提供されるべきものである。仮にそういう情報が存在しないとしたならば、自治体に対して情報発信を促すべきで、個人レベルで負担するものではない。たとえば、ゴミ分別方法に変更が生じたとして、個人レベルでそれらの変更にリアルタイムで対応するのは大変な負担になり、間違った情報を発信して責任を問われても困る。ゴミ分別のマニュアル的なものを個人レベルで発信するのは、相当に覚悟のいることだと考えるべきで、一般には避けた方が良いだろう。

2 市民レベルの視点の紹介

　一方、同じゴミ分別の方法についての情報でも、個人レベルの取り組みを紹介するといった内容は公的機関からの情報と重なることも少ないだろう。ただし、個人的に感じたことをそのまま主張しても、あまり意見に耳を傾けてくれる人はいない。ある事柄についての解説や整理されたデータに関しては、情報発信者の属性はそれほど大きく関係しないだろうが、個人的な考え方や主張については情報発信者の社会的立場等が大きく影響する。同じ言葉でも芸能人、作家、著名な研究者等から発せられたものは、無名な者から発せられるものよりも圧倒的に優位な立場にある。一生懸命に考え、作成した文書が、第三者にとってはほとんど何の意味もないものになってしまうのは避けたいものである。いくら社会のためを思って作成した情報であっても、結果的には自己満足型の情報になってしまうのである。

　情報収集が大変になるかもしれないが、他者の考えや視点を入れ、より客観的なデータとしての性格を持たせる方がよいだろう。そこに自身の考え方も一部のデータとして加えて良いだろうが、あまり自分自身が前面に出過ぎないように注意する必要がある。特に生活の「コツ」的な情報などは、一つ一つは埋もれてしまえば情報としての価値がなくなってしまうが、集合としてまとまれば貴重なデータとなり得る。周辺の人々との会話から、またインターネット上の各種掲示板等から情報収集すると良いだろう。

　ただし、これらの他者の見解を引用する際には、その出典を明示すべきだ。出典なく「〜という意見もありました」というのではデータとしての価値がほとんどなくなる。インターネット上の情報なら、そのURLを明確に記録しておく。直接話を聞いたのなら、発信情報にそれらのデータのすべてを示す必要はないが、その日時や場所、話の流れ等を記録して根拠は明確にしておく必要がある。

3 ゴミ分別方法の地域比較

　ゴミ分別の意味に関しては、関連する環境関連の研究者も多く、リサイクルの仕組みやリサイクル自体の是非といった話題で、レベルの高い情報が多くみられる。そういう中で、いかに差別化した情報発信ができるのかがカギになる。あるゴミ問題関連の書籍を読んで感動し、その書籍の内容をまとめてホームページに載せるといったレベルの情報発信は、自己満足型の情報であり、社会的な意味合

いが乏しくなる。

　その点、ゴミ分別に限らず、多数の関連情報を整理した情報は内容次第で非常に価値あるものに仕上がる。単に各地のゴミ分別方法の現状を並び立てて紹介するだけでは興味深いものはできず、後々の更新作業等のフォローを考えると大変である。また、それらを科学的に論評しようとしても、その分野の専門家がいるので一般消費者レベルからの発言としては意味深いものには仕上がりにくいだろう。

　そこで推奨されるのが、何らかの論点別に情報整理を行うというものである。たとえば、行政の言い分と市民の言い分を並べて、今後のゴミ分別のあり方について考えていくための資料を提供するといった内容や、各自治体でのゴミ分別に関する政策の変遷を独自の視点からわかりやすくまとめるもの等が考えられるだろう。

4. 環境関連書籍紹介

　環境関連の書籍紹介情報も情報発信テーマとしてよく発案されるものであるが、書籍紹介については特に競合する情報に目を向けて、発信情報の独自性を確保する必要がある。まず、書籍紹介では競合情報源として書店サイトのデータベースを念頭におかねばならない。個人単位で環境の全分野にわたっての一般的な書籍紹介を行おうとしても、それは不可能である。最近は読者による簡単な書評を載せている書店サイトもあり、単純に販売されている書籍の動向を知るための情報は、すでに整いつつあるというのが現状である。その状況を把握した上で、どのような特徴付けをするかが重要なポイントとなる。

　まず、書評に関する情報は、書店等から出される情報に比較して中身の濃いものであるなら、個人的な意見であっても相応の価値が生じる。書籍情報等は、その書籍のタイトルや著者名が情報検索対象となるので、各個人が別々に書評を書き込んだとしても、書評の集合の一部となり得る。単発的であっても、その書籍名、著者名、出版社等とともに、「書評」「紹介」などの文言を検索対象となるように明確に記入しておくことによって、広い意味でのインターネット・データベースの一部になり得る。

　さらに、かなり狭い範囲の特定分野に絞って、関連書籍の内容紹介と書評を加

えるといった様式に整えられれば、一般受けはしなくとも、特定の情報を探索する人々にとっては非常にありがたい情報源になるだろう。特に、論点別に各書籍の主張をまとめて、見やすく整理したデータなどは、書店サイト等のデータベースとは完全に差別化ができ、環境学習にも役立つ優良な情報源に仕上がるだろう。

　また、一般読者にとっては読みづらい、やや難解な専門的環境書籍を、一般消費者レベルで理解しやすくするための情報を提供するといったものも良いだろう。当然、自分自身にそれなりの専門知識が要求されることになるが、大学で環境関連の専門分野を学び、専門家と一般消費者との間の架け橋的な役割を果たすことのできる資質を有した人々には、このような情報発信は絶好のターゲットになるだろう。

第7章
情報発信トラブルを避けるために

I　情報発信者の責任

　情報発信時の最も重要な注意点として、情報発信に伴う責任を理解する必要がある。具体的には情報発信者のおかれる生産者としての社会的立場、情報発信で問題となる事例、そして関連する最低限の法的知識を身につけて、情報発信でのトラブルを避ける注意点を把握しておく必要があるが、まず情報発信者の生産者としての社会的立場についてまとめることとしよう。

　特に営利目的はなく、情報発信環境のサービスを消費する立場から情報発信を行うようになった者は、生産者としての立場を認識し難い傾向がある。生産者の立場の認識とは、生産物に責任を負うことを認識することだ。生産した商品によって第三者に経済的損害を与えた場合、名誉を傷つけた場合、または社会に不要な混乱をもたらした場合等に責任を問われるのが生産者の立場である。通常の生産行為は経済的な利益や社会的な立場上の向上といった見返りが期待されるので、生産行為に問題が生じた場合にリスクが生じるのは当然のこととする覚悟がある。

　しかし、そのような実質的見返りを期待しない情報発信では、情報発信者にリスクを受容するという意識が備わらない。親切心で情報を発信したのに、何らかの事故があったからといって、なぜ責任を問われなければならないのかと考えがちである。少なくとも、同様の情報発信を行ったとしても、営利目的の情報発信の方がより責任は重大だと考えるであろう。しかし、実際の被害者からすれば、その情報発信者が営利目的か否かはあまり重要ではない。被害そのものの大小が被害者にとっては大きな意味を持つのである。すなわち、責任という点では、営利目的ではない情報の発信者つまり生産者的消費者は、営利を目的とした情報発信者と何ら変わりはないのである。そのため、発信した情報に対して第三者に被

害を与えないよう注意すべきという点について、マスコミ等の情報企業と同様の注意を払う必要があるのである。

II 著作権と肖像権

　情報発信の第一歩が情報には権利が関係するということを理解することである。お気に入りの歌手の曲をCDから自分のホームページにコピーして公開するといった行為は、そのままCD販売に関連する企業等に損害を与える。お気に入りの歌詞や楽譜をホームページに載せることも、自作ではない曲を仲間で演奏して録音したもの、アレンジしてシンセサイザーで演奏したものなども、作詞家や作曲家の権利を侵害することにつながる。これらに代表される情報の権利を著作権と呼ぶ。同様に書籍や新聞などの文字情報も勝手に拝借して使用することはできない。売り物の情報の著作権侵害は、営業妨害に直結するので莫大な損害賠償請求につながる可能性もあり、絶対に避けるべきだ。

　しかし、むしろ情報の発信者として注意すべきことは、売り物ではない情報に関する扱いであろう。売り物の場合は著作権侵害が経済的な打撃に結びつくことが理解しやすいのだが、売り物ではない情報では著作権侵害による被害が連想されにくいために、問題が発生しやすくなる。インターネット上に公開された売り物ではない情報も、特に許可がない限りは勝手に拝借して自分のホームページに載せることはできない。最近、新聞社のホームページでニュース速報が発信されており、インターネットに接続していれば無料でその情報にアクセスできるようになっている。しかし、これらの情報を勝手にコピーして自分のホームページに使うことも避けるべきである。また、新聞社等でない一般個人の発信した情報にも著作権がある。基本的に、どのような情報にも著作権が関連し、自分が発信する情報内にそのままコピーして用いることはできないのである。

　また、自ら創造した情報でも、写真等の画像情報では肖像権に注意しなくてはならない。人物、建物、その他について、その権利を侵害していないか注意する必要がある。勝手に自分の顔や自宅の外観を了解なく使用されるのは権利を侵害された気分になることは理解できるであろうし、アイドルスターの容姿や有名建築家による建築物の外観には、それ自体に商業的権利がある。また、ある商品を

購入したからといって、そのデザインを勝手に画像情報として利用する権利までは保障されていない。いずれにしても、不特定多数の市民に対して情報を発信する立場になれば、第三者の権利を侵害しないように十分な注意を払う必要が生じてくる。

　そうかといって、第三者の発信した情報を一切利用できないという状況下では、まともな情報発信はできない。第三者の著作権を侵害することなく、その情報を利用する方法を理解しておく必要がある。関連事項で最も重要なのが、情報の「引用」についての知識である。引用とは第三者の発した情報の一部をそのまま利用することである。あくまで一部であるという制限がつく点に注意が必要である。研究論文等での引用は、元情報の記載をまとめて引用する場合が多いのだが、一般消費者向けの情報の場合は細かな表現の違いが重大な誤解を生む原因になる可能性もあるので、そのままの表現を引用する方がよいだろう。

　引用の際の注意点は、①引用部分を明確にする、②出典の明記、③量的な制限等である。

１ 引用部分を明確にする

　自ら作成したオリジナルな情報と、第三者の情報からの引用部分は明確に区別できるようにする必要がある。「　」や"　"で引用部を明示する。ちょっとした言い回しを変えただけ、または誤記を訂正しただけの情報も第三者の情報を拝借したことに変わりはない。むしろ、引用時には言い回し等を変えることは避けるべきで、誤記の訂正についても訂正した旨を明記する必要がある。あくまで、いったん発信された情報には、そのままの形で伝えられるべき権利が備わっているのである。

２ 出典を明確にする

　引用部分を明確にすると共に、その出典を明記する必要がある。第三者がその引用部分が記述された背景や前後関係を確認したいと考えた際、すぐさま元情報にアクセスできるような情報を示しておくのである。そのため、書籍であれば書名だけではなくページまでを記載しておくこと、インターネットのWEB情報であればURLを明確に示しておくべきだ。

❸ 量的な制限

　引用はあくまで元情報の一部であることが前提であり、1冊の書籍からの引用を例にとると、数ページにも及ぶような引用は避けるべきだ。基本的には数行までにとどめておくべきであろう。新聞記事などはぎりぎりまで事実をまとめ上げて文書量を比較的少なくした情報が多いので、記事タイトルだけの引用でも問題となる可能性がある。

　また、引用はオリジナルな作品に仕上げるための題材としての引用でなければならない。特に新たな主張なく、第三者の情報の一部分をつなぎ合わせたようなものは、引用として許容される条件を満たしていない。たとえば、新聞記事のタイトルのみを収集したデータベースのようなものを作成したとすると、その元情報からの個別の引用部分は少ないとしても、全体としてデータベース自体の著作権に関して問題となる場合も考えられる。

Ⅲ　名誉毀損・侮辱について

　情報を発信する際には、その情報が名誉毀損や侮辱に関連するのではないかという点についても注意する必要がある。環境情報では、ある商品の環境への影響の良否を論議したり、産業関連の規制の在り方を論議したり、また人体への悪影響の有無を論議したりと、実際の利害関係に深く絡む問題を扱うことが多いので、ついつい白熱しがちになる。実際、ある意見に対して批判的に論じる意見の応酬によって、事実関係や問題点がより明確になってくるものでもある。しかし、この批判は、場合によっては名誉毀損や侮辱になってしまう。

　刑事関連では名誉毀損と侮辱は分けられるが、民事では侮辱も含めて名誉毀損になる。この名誉毀損について考える場合、事実が真実か否かという点、そして対象者が公人か私人かという点が焦点になる。まず、虚偽の事実に基づいての批判的言動で名誉を傷つける行為は、とにかく名誉毀損の条件が成立する。「裏金をもらっている」とか「セクハラ行為があった」などの情報は、たとえ新聞紙上やTVニュースで逮捕されたとの情報が流されたとしても、決して自身のホームページ等では発言すべきではない。発言が許されるのは、原則的に裁判で事実が確定し、社会としてそれが公的真実であると判断された後のことである。とにか

く、第三者の名誉をおとしめる事実を含む情報を発信する際には細心の注意を払わねばならない。

　第三者を批判的に論じる時に、事実関係において虚偽を含む情報を発してはならないことは大前提であるが、事実関係において真実であっても、その対象の社会的属性によって情報を発信することが許される場合と許されない場合がある。一般には、内容が真実であっても第三者の名誉をおとしめる情報発信は名誉毀損になる。たとえば、毎日のように自宅の前で違法駐車を繰り返す人物がいたとする。注意しても聞いてくれない。そこで、この人を名指しで「○○氏は違法駐車を繰り返す道徳心に欠ける人物だ」とインターネット上で発言したとしよう。心情的には理解できないこともないが、この情報発信には名誉毀損が成立する可能性がある。真実であったとしても、その情報発信行為によって第三者の社会的名誉が傷つけられるなら、その情報発信行為は名誉を毀損したことになるのである。

　ただし、その違法駐車を行っている人物の社会的属性、その不法行為の原因等によって許容される場合がある。その違法駐車が公務に関連する公人によって行われた場合は、その情報発信が咎めを受ける対象ではなくなる。交通を取り締まる側の警察官、裁判官、また違法駐車を取り締まるべきと訴えている政治家などの公人の不法行為や、その違法駐車が公的業務に関連した場合であれば、上記の発言は許容される可能性が高い。ただし、いきなりインターネット上で情報を発信するのではなく、関連する窓口等に苦情を申し立てるのが本筋であり、それでも改善されずに無視された場合にはインターネット等を利用して世間に訴えるということも一つの選択肢になるだろう。

　芸能人等の場合は違法駐車に関連する公人か否か、微妙なところがある。芸能ニュース等では平気でそのレベルの情報が流されているが、一般にはそのレベルの情報発信は控えるべきであろう。

　公人とは政治家や公務員、その他の社会的影響力を有する著名人を指すが、この公人を批判的に論じる場合、かなり規制は緩やかだ。公人の公務に関する事実関係においては、基本的に虚偽が含まれていない批判的言動は許容される。たとえば、政治家や芸能人がTV番組で発した発言に対して、「日本の恥」といった表現を用いたとしても、さほど問題にはならない。事実関係に基づく批判的言動

は公人に対しては認められるのだ。

しかし、公人ではない者を対象とした場合は、まったく事情が異なってくる。事実関係において真実であっても、その事実を公表されることによって名誉を毀損されたと感じるならば名誉毀損が成立しうる。新聞の論説やニュース番組等で特定の政治家や企業等が激しいバッシングを受けている場面をよく見かけるが、それと同じ調子で公人ではない者をバッシングすると、とんでもない責任を問われる場合があることを理解しておく必要がある。

Ⅳ 新たなコミュニケーション形態の注意点

環境コミュニケーションとは、企業が環境関連で利害関係を有する他者から意見を収集し、企業側から説明するという、企業の環境対応策の一環としてのコミュニケーションを指すことが一般的だが、ここではインターネットの普及によって整備されつつある情報交換媒体を利用して、消費者レベルで行われる環境関連の情報交換を中心に考える。

インターネット上の掲示板等を中心に不特定多数の参加者が意見交換を行うシステムが普及しているが、このシステムは利用の仕方によっては非常に有益なものにも非常に危険なものにもなり得る諸刃の剣である。

１ 可能性

環境学習への活用　特定の環境問題に関する話題について、不特定多数の間で情報交換を行うことができるので、環境問題についての不明な点や学習方法について質問することができ、また他者の質問に答えることによって自分自身の環境学習意欲が高まる。ある特定分野のテーマについて議論するサイトもあり、環境問題に対する自身の考え方を整理するのにも役立つ。このように双方向性の情報交換システムは環境学習を進める上で無限の可能性を秘めていると高く評価できる。

環境運動の活性化　環境問題に関連する運動を行う場合に、単にホームページで呼びかけるだけではなく、双方向性のコミュニケーションの場に参加することによって協力してくれる仲間を集い、活動を広めることができる。また、何らかの活動に参加したいと思った場合も、双方向性の情報媒体を用いて情報収集を

行えば、より適切なルートが見つかる可能性が高まる。単に検索サイトで探し出したWEBページにはかなり問題あるものも多く、それらの裏事情を知るのには匿名投稿者による掲示板が役立つこともある。

2 危険性

　　時間・労力の犠牲　　インターネットの掲示板等を日常的に利用するようになると、かなりの時間的・労力面での犠牲を払うことになる。質問する側からは便利なシステムであるが、質問に答える側には相当な犠牲が伴う。特に、掲示板システムの管理・運営等を担当するようになると、時間・労力の犠牲は計り知れないものになる場合がある。

　　悪意ある第三者からの妨害　　ホームページを開設して情報発信を行うと、電子メール等で悪意ある否定的意見が寄せられるといったことがある。不特定多数の参加できる掲示板システムでは第三者からの妨害は非常に容易になり、特に何らかの社会問題等に真剣に取り組もうとする目的を有した掲示板システムは、悪意ある妨害を主目的とする者には絶好のターゲットとなってしまう。妨害を受ける側では精神的に非常に深刻なダメージを被ることもある。特に環境問題等の社会的に深刻度の大きな話題を扱う掲示板等の運営は、相応の覚悟と経験がなければ失敗してしまうので、不用意に手を出すのは控えるべきである。

　　誤情報の拡散　　一般消費者レベルでのコミュニケーションでは、誤情報に対する防御性・抵抗性が非常に弱いという欠点を抱えており、しばしば誤情報を広める媒体となってしまう。不特定多数の参加するインターネット掲示板では、まさに井戸端会議によって風評被害が広まるのと同様の危険性を有している。

V　個人レベルのコミュニケーション阻害要因

1. 論理的なコミュニケーションのために

　インターネットの普及を契機として、ネット上の掲示板等を利用した消費者同士の意見交換が活発に行われるようになった。これらのコミュニケーションは、個人レベルでの環境学習の援助になり、市民レベルでの環境問題対策に重要な役割を果たすことが期待される。しかし、実際には有益なコミュニケーションを成立させるには種々の障害がある。中でも個々人の性格レベルの問題が実際のコ

ミュニケーションでの最大の阻害要因になり得る。

インターネット等を通じたコミュニケーションを有効に活用していきたいと考えるならば、その阻害要因と対処法についての知識を身につけておく必要がある。ここでは、その個人レベルでのコミュニケーション阻害要因として、論理性の欠如、一般的攻撃性、その他の性格的な問題に分けて捉え、それぞれの問題点と対応策について考えたいと思う。

環境や安全に関する情報についてのコミュニケーションは、基本的にはその根拠となるデータをもとに判断し、意思決定に結び付けていくという論理的思考のやり取りが中心になるが、一般消費者レベルでのコミュニケーションでは必ずしも論理性が重視されるということはない。コミュニケーション参加者は論理的に物事を考えるというタイプの人ばかりではないのだ。

論理的なコミュニケーションの阻害要因になる可能性が高いのは、物事を論理的に考えることが苦手な人がコミュニケーションに参加する場合である。論理的コミュニケーションの能力は、個人の経験によって大きく左右されるもので、AとBが対立しており、客観的にはAが正しいと考えられる事実であっても、論理的な話題展開に長けた者からは簡単にひっくり返されてBが正しいことになってしまう場合も多々みられる。よって、論理的なやりとりに慣れていない者は、自分の意見に反対する論理的な説明を、暴力的な攻撃であるかのように受け取る場合がある。そして、その暴力的な圧力と感じた意見に対抗するように自身の感情を前面に押し出して抵抗することになる。たとえば、皮肉、揚げ足取り、誹謗中傷、脅し、泣き落とし、話題のすり替え、といった冷静なやりとりの妨げになるような情報を多発し、結果的にはコミュニケーションの場を破壊してしまう。

一方で、論理的に説明をしようとした者は、そのような感情的態度に悪意を感じ取る場合が多い。議論の最中に自分の立場が不利になったためにコミュニケーションの破壊工作に出たと感じ取るのである。論理的に思考するタイプの人間は、他者も同じく論理的に思考しており、感情的言動は論理的やりとりで不利になった場合の逃げの手段であると捉えるのである。実際、論理的展開から逃げ道を作るために意識的に感情論に逃げるというパターンも実際の議論の中でもよくみられる光景である。

しかし、論理的やりとりが苦手な者が感情論に向かう際には、自身に悪意ある

卑怯な行為であるといった意識はない。悪意のない言動に悪意を感じ取るというすれ違いによって、相互の信頼関係が決定的に破壊されてしまい、コミュニケーションの場は失われる。実は、このパターンはインターネット掲示板等でかなり多くみられる。結果的には、論理的思考タイプの人は感情論タイプの人との接触を避けるようになり、インターネット等での不特定多数との意見交換を有効に活かしていこうといった意欲を失ってしまうことになる。

　これらの問題の根本的な原因はコミュニケーションに関する知識不足である。人それぞれ性格はさまざまであり、自身のモノサシのみで相手の気持ち等を判断してはならないということを、ネットコミュニケーションを有効に活用したいと考える人は知っておくべきなのである。そのようなトラブルに接触した論理思考タイプの人は、必ずしも相手方が悪意をもってコミュニケーション破壊に及んだのではないということを念頭において、過敏に反応するのは避けるべきである。

　いったん、感情論によって乱れたコミュニケーションの場は、その感情論に直接関連する話題が残る限り論理的な説明が意味をなさない場となる。論理思考を主張する人と感情的になった人とがトラブルに陥った場合、その場を鎮めることができるのは論理思考を主張する人なのである。そのことをよく理解しておくことが必要だ。

　論理的な話が通じないと感じた場合、まず相手の言い分を理解することに全力を注ぐことである。反論するのではなく、相手の主張の本質を明確にすることが第一である。決して相手の気持ちを決めつけてはならない。たとえばある化学物質を異様に否定しようとする人物がいたとしよう。その化学物質に単純に不安を感じているのか、行政の姿勢に反感を抱いているのか、あるいは職場や家庭等での欲求不満の捌け口を求めているのかなど、動機を明確にしなければ話は進まない。そして、相手の主張の本質が理解できたなら適切な対応を考える。そのやり取りには相当な時間と労力が費やされるだろうが、それを拒むならもともと不特定多数を相手としたコミュニケーションの有効活用を試みることが間違っているのである。

　また社会全体としては、論理的に思考することの重要性を消費者レベルの教育の中でも十分に浸透させることが望まれる。今後の消費者は消費するという受け身だけの立場ではない。情報を発信するという生産者的な役割も担うのであるか

ら、そこには当然相応の責任が伴うことになる。論理的に物事を考えることが情報を扱う上で求められる最低ラインの責任である。

2. 一般的攻撃性に対して

　インターネット普及以前のパソコン通信全盛期の頃から現在でも続くネットコミュニケーションの場での特徴であるが、非常に攻撃性の強いコミュニケーション参加者がみかけられる。自己顕示欲が著しく強く、自己と他者との関係を「優劣」の尺度で判断し、自己の優位性を表明することを第一の価値観としているといったタイプのコミュニケーション参加者である。

　従来は、コンピュータやネットワーク関連の知識を有した者が主体であったが、最近ではコンピュータ関係以外の特定の分野で知識が豊富と自負している者に多くみられるようになってきた。基本的には、人間同士のコミュニケーションというよりも、コンピュータゲーム感覚でコミュニケーションに関わっているように思われる。少しでも異を唱える者には、上から見下すような言動で相手を威嚇したり、目を覆うばかりのひどい暴言で相手を攻撃する。

　問題解決のためには、コンピュータネットワークを通したコミュニケーションであっても、相手方は一人一人が感情を持ち合わせた人間であるということをしっかりと認識しあうことが求められるが、なかなか実際的な解決策は見つからない。また、残念ながらこのタイプのコミュニケーション参加者がいなくなるということは今後とも望めない。自己顕示欲の強い者にとってネットコミュニケーションは一番居心地の良い場であるからだ。実際的な対応策としては、そのタイプの人々から攻撃を受けて精神的に傷ついた人々に対するフォローも必要になるだろう。

　環境問題や安全性に関する話題を扱うコミュニケーションの場では、他の趣味関連の話題を扱う場に比較して非常に白熱しやすく、言い争いが起きやすくなる。そういう場で発せられる攻撃的発言は、まさに大混乱のもとになる。先述の論理的思考が苦手で感情的になりやすいタイプの人に対して、科学知識を有する人物から攻撃的な発言がなされる場合など、コミュニケーションの場が乱れる典型的なパターンである。

　コミュニケーションの場でのローカルなルールとして、第三者を見下す発言、

過度の不快感を与える攻撃的発言等に対する制限を設けておくことが予防策として求められる。

3. 性格の多様性を認識する必要性

人の性格は多様であるが、その性格の問題がコミュニケーションの阻害要因になることがよくみられる。たとえば、自己中心的な性格、他者に依存しやすい性格、懐疑的・妄想的になりやすい性格などが問題として挙げられる。

環境、安全問題をはじめ、福祉や人権等の社会的テーマを扱うコミュニケーションの場が混乱するのは、そのテーマに関連する争点をめぐる混乱というよりは、むしろ上記の個人的な性格が原因になっている場合が多い。基本的には、コミュニケーションの相手の人格等を攻撃するような発言については厳重に制限し、客観的事実や論理的考察を重視したコミュニケーションの場を保つことが求められる。

社会的なテーマのコミュニケーションの場でよく混乱の原因になる例として、自慢話ばかりをくりかえすタイプの参加者が挙げられる。これは、心理学分野で自己愛型のパーソナリティとして扱われる性格で、自己を他者と比べて高く評価されないと我慢できないというタイプである。自慢話は聞く側にとっては気分のよいものではなく敵対心を育んでしまうので、基本的には自慢話は控えてもらいたいものだ。

しかし、この自己愛型の性格というのは社会として決してマイナスになるだけのものではなく、学術研究の分野や社会活動の分野でも、この自己愛型の性格の人物が活躍している場面は多い。他者に自慢したいため、人一倍自分自身を磨く努力を怠らないという「自慢→努力→成果→自慢」のサイクルがうまく循環している場合、この自己愛型の性格は社会にとっては大きな財産とみなせるであろう。そういう点を理解して、自慢話にカリカリせず寛容になることも望まれる。

依存性の高い性格や懐疑的・妄想的になりやすい性格は、消費者情報の分野として社会的サポートが求められる対象である。これらの性格を有した人々は、非科学的悪質商法、すなわち非科学的な論理を振りかざし、実際の効果の認められていない商品やサービスの販売を行う悪質商法等の格好のターゲットになってし

まう。消費者情報の流通環境を向上させるためには、この依存性の高い性格、懐疑的・妄想的になりやすい性格の人々に対して、いかに社会としてサポートするかが重要なポイントとなる。

　残念ながら、コミュニケーションは努力すれば必ず報われるというものではなく、有益なコミュニケーションを成立させるのが極めて困難であるという場合もある。極端な自己中心的な性格や反社会的な性格に関しては、医師や弁護士ですら関係に苦慮しており、事実上、接触を避けることを第一の対応策として捉える傾向がある。次の各項目は弁護士会の会報等に掲載された、性格に問題のある人物と接触する場合の注意点である。

・くれぐれも慎重に受任する。
・距離をおいて接触し、不用意な批判はしない。
・自分のやれることの限界をわきまえ、対応時間、対応内容等を決め、相手の都合に応じての変更はしない。
・上記の範囲内で誠実に対応する。
・できるだけ複数で、公的場所で対応する。
・危険な兆候を感じた場合は関係を絶つ。

　コミュニケーションを有効に活用したいと考える人は、不特定多数との情報交換を通して環境運動等に役立つ人間関係を築いていくことを目指すことになるだろう。しかし、不特定多数との人間関係構築を考えるならば、人間関係構築上の注意点を把握しておくことが一種の義務になるものと考えられる。一般的には種々の情報交換を通じて良好な人間関係を築くことが求められるのだが、場合によっては親身になって深い人間関係を築こうとすることが取り返しのつかない悲劇的な事件につながることもある。どのような場面が深入りしてはいけないケースなのか、しっかりと識別できるように情報収集等の準備をしておくことが望まれる。

　これらの人間の性格に関する多様性について認知せずに、環境情報の本筋ではない人間関係由来のトラブルに巻き込まれた場合、原因はその人の知識不足に帰されるべきである。

4. パーソナリティ障害との関連で

　上述したように、個人的な性格の偏りがコミュニケーションの阻害要因になるのだが、どのような性格が問題になるのかという点についてはパーソナリティ障害に関する知識が参考になる。ここでは、消費者コミュニケーションの阻害要因に関連しやすい自己愛型パーソナリティ障害と反社会型パーソナリティ障害の判定基準をみてみる。

　米国精神医学会では自己愛型のパーソナリティ障害として、下記の9つの項目の中の5つ以上が当てはまることを基準においている。
　①誇大な感覚（業績・才能の誇張など）
　②限りない空想（成功・権力・美・愛への空想）
　③特別感（特別な高い地位の対象と関係があるべきと考える）
　④過剰な賞賛の渇求
　⑤特権意識（特別な扱いを要求する）
　⑥対人関係における相手の不当利用
　⑦共感の欠如（他人の気持ちや欲求を理解しようとしない）
　⑧嫉妬または他人が自分に嫉妬していると思い込む。
　⑨傲慢な態度

　重要な注意点であるが、この基準をもとに自分自身、または第三者をパーソナリティ障害に当てはまると素人判断することは禁物で、医学的な取り扱いは専門の医師が担当すべきである。しかし、他者とのコミュニケーションで衝突しがちな者が、自分自身の注意点を確認する時、または家族・友人レベルで助言するなどの際に具体的な注意事項を認識するうえで役立つであろう。

　また反社会性パーソナリティ障害に関して、米国精神医学会では下記の7つの項目の中の3つ以上が当てはまることを基準においている。
　①法を守ることができず、刑事事件の原因となるような行動を繰り返す。
　②自分の利益や快楽のために嘘をつき、人を騙す。
　③行動に衝動性が強く、自分の将来の計画が立てられない。
　④怒りっぽく、攻撃性である。
　⑤向こう見ずで、自分や他人の安全を考えない。
　⑥一貫して無責任である。仕事を続けられない、借金を返済しないなど。

⑦良心の呵責を感じない。人を傷つける、ものを盗むなどの行為を反省せず、繰り返す。

この基準に関しても、素人判断は禁物であるが、このタイプの性格の人物に対しては、同調して相手の言い分を聞いていては自身の被害が増大するばかりとなり、一方で敵対すると恨みを買って危険な目にあうことになるので、過激に敵対しないが、一線を越えた要求は絶対に認めないとする、非常にデリケートな対応が求められる。

このタイプの性格を有した個人、またはこのタイプの性質を有している組織は、悪質商法等に関与している場合も多々みられ、ネットコミュニケーションの場での活動も活発である。

しばしばみられるコミュニケーションの場のトラブルは、こういった性格の多様性を認識していない、善良な性格の活動的な人物が中心になって問題をこじらせてしまう場合が多い。善良な人物は、自分の利益のために平気で第三者を騙す性格の人物に対しても、「話せば分かる」を信条に相手の言い分を聞き、自身の誠意を伝えて関係を改善しようとする。第三者を騙そうとしている人物からすれば、この善意の人物は「ネギを背負ってきたカモ」である。社会経験が浅い、または狭いために、話の通じない場面を経験していないことが明らかである。悪質商法であれば、その商品・サービスを売りつける対象に成り得るし、少なくとも商売上の利用価値がある。たとえば、悪質業者の本質を見抜いて攻撃的に出てくる者が現れた場合等に、その善良な者を論争に巻き込めば、論点をぼかして論理的な話し合いにならないよう場を保つことができる。

不特定多数の参加者のいるコミュニケーションの場において、このようなバランス感覚を欠いた善良な態度は、実はその場の混乱を長引かせ、コミュニケーションの場を破壊してしまう要因にもなり得るのである。環境や安全に関する話題を扱う社会的コミュニケーションの場において、上記のように話の通じない対象が存在することを知っておくこと自体が、参加者の一種の義務であるとみなすべきであろう。

VI トラブルに巻き込まれたら

1. 民事裁判と刑事裁判

　個人的なホームページで情報を発信する場合、そしてネットコミュニケーションで社会問題等に関する情報交換を積極的に行っていこうとする場合なども含めて、情報を発信する場合には名誉毀損や著作権、または嫌がらせやストーカー的行為などのトラブルに巻き込まれてしまった場合の対応方法についても、把握しておく必要がある。

　基本的に紛争は最終的には裁判で決着することになる。よって、裁判になることを前提とした言動を意識していれば問題ないが、裁判沙汰を避けることばかり考えていても、消極的でアリバイ作り的な対応になり、とても情報を環境対応に積極的に活用していくことには結びつかない。むしろ、裁判での紛争も迷惑がらずに準備しておくような態度が望まれる。

　裁判の基本は、刑事裁判と民事裁判があるということである。刑事裁判は刑事事件を扱う。被害者が警察や告訴センター等に告訴する、また警察等が独自に捜査した事件の中で、送検すべきと判断したものを検察に送り（送検）、検察が調査して裁判とするか否かを決定し、裁判として扱う場合は起訴、裁判にしない場合は不起訴となる。起訴された案件は裁判所で刑事裁判となるが、訴える側は被害者ではなく検察である。そして、裁判の結果で有罪か無罪か等が決定するが、仮に罰金が科せられたとしても、その罰金が被害者に返ってくるのではない。あくまで、日本という国家における違反に対して、国家に支払われるものである。

　一方、民事裁判は刑事裁判で扱われるものも、そうでないものも含めて広い範囲の紛争を対象とする。民事裁判の大部分は離婚、遺産相続や土地境界線に関する問題などの刑事事件の範疇に入らない事件が多いが、刑事事件の対象も同時に民事事件の対象となる。たとえば、詐欺行為で被害を受けた者がいたとしよう。詐欺は十分に刑事事件の対象の犯罪として成立するので、刑事裁判でその罪を追及することになるであろう。しかし同時に民事裁判で損害賠償請求を行わなければ被害者に対する経済的な損害は補償されない。

　この民事事件での裁判での一番の障害は、弁護士に対して支払う費用である。

民事裁判では、基本的には原告と被告、双方とも当事者本人が書面を準備・提出し、出廷して意見を述べることが原則となるが、弁護士は原告や被告の代理人として裁判に関する仕事を請け負うことができる。金額が低い場合等には司法書士が代理人を引き受けることも可能になっているが、原則として代理人は弁護士の業務である。

2. 弁護士とどう向き合うか

　実は、裁判費用の大部分は代理人を依頼した弁護士に支払う費用である。しかし、民事裁判の場合、原告、被告ともに、代理人に弁護士を立てなければならないという訳ではない。裁判がどのように進められるのか、また書面のフォーマット等に関してある程度の知識が備わっていれば、代理人を立てずに本人訴訟を行うこともさほど難しくはない。本人訴訟の場合、弁護士に代理人を依頼する場合と比較して、多くても 1/10、少ない場合は 1/100 以下の費用で裁判が可能である。裁判の手続きを知った者の中には、小さなもめごとでも裁判沙汰にして利益を得ようとする、または裁判自体をゲーム感覚で楽しむ訴訟マニア等も存在する。

　代理人を依頼するか本人訴訟かという点について、そのメリットとデメリットを良く理解して対応することが求められる。弁護士を依頼する場合のメリットについてであるが、たとえば相手方が暴力組織等である場合等には防御壁に成り得る。民事であろうとも直接の交渉等は絶対に避けるべきである。また、所属する会社等の組織との紛争時には、上司との直接的な争いを避けるという意味で代理人を依頼することは有益である。また、遺産相続や離婚等に関しては経験豊かな弁護士を味方につけることは心強い。企業間の買収がらみ、国際的紛争なども個人で対応できるレベルの案件ではないので弁護士が必要になるだろう。

　一方で、弁護士を依頼するデメリットとしては、その費用が第一に挙げられる。一審だけではなく、高裁、最高裁の控訴を含めての裁判費用、また相手方からの反訴なども計算に入れれば、簡単な名誉毀損裁判でも数百万円、場合によっては数千万円レベルの出費は覚悟せねばならない。また、弁護士、裁判所共に司法関係者は紛争解決の時間短縮に重きを置くので、それが依頼人の不利益に結びつくこともある。膨大な量の名誉毀損などを訴えたい場合にも、代理人が時間短

縮・作業軽減のために、量的要素を切り捨て、残った数点の事例のみを訴訟対象として取り扱う戦略を採用したために敗訴してしまったというような事例もある。

　また同じ弁護士といっても、その能力には雲泥の差があることも心に留めておきたい。弁護士の能力とは基本的に論理的思考力であるべきはずだが、論理展開の能力を磨くことのできる弁護士環境は、日本では非常に少ないようである。論理性、コミュニケーション能力を備えた国際的にも通用する人材も一部では育成されているようだが、そのような優秀な人材は企業間紛争等の案件で忙しく、一般人の民事訴訟関連でお目にかかることはほとんどないだろう。日本の一般市民が論理的思考力に優れた弁護士に巡り合うことのできる可能性はかなり低いと考えられる。

　弁護士に代理人を依頼するなら、その論理的思考力をチェックしておくことが望ましい。持ち込まれた事件をどのように処理するのか、その能力を推し量っておきたい。文章を読む際に、事実を構造化して全体像を捉えようとする人物なのか、あるいは言葉遣いやケアレスミス、見栄えの良い表現等に注意が向いているタイプなのかといった点から判断できる。書面作成を依頼人と相談する場合も、問題点・争点の整理から始まって、どのような戦略が考えられるのか、そして戦略ごとのシナリオ等を提示したうえで方針を決定することを重視しているかを確認する。細かな表現等を含んだ文書作成は依頼人から一任してもらえばよいはずだ。依頼人の前でいきなり文書作成を始め、細かな文書表現等にこだわって時間を無駄にするといった対応がみられるならば、論理的思考力に劣ると判断できるだろう。代理人を依頼するにしても、そういう思考力に劣る弁護士は避けた方が良い。

3. 紛争時の具体的手続き

　裁判は、事実関係をめぐる争いであり、多くの場合は金銭等が大きく関与する。よって、金銭に貪欲な性格でモラルに欠ける者が関与することが多く、関係者も自分の身を守るために必死になる。気の弱いおとなしい人物と、うるさいクレーマーが対峙したとすると、たとえ争いの原因がクレーマー側にあるであろうことが分かっていても、裁判所も弁護士（気の弱い人物の代理人）でさえ、うる

さいクレーマーが有利になるような結論を導こうとする。それが、時間的にも素早く紛争を解決し、裁判後のトラブルも少なくできる選択肢だからだ。気の弱い者に損を押し付ける結論が、その他の者にとっては都合が良いのだ。裁判においては正直者が勝つということはないので、決して第三者の善意に頼ってはならない。自分の主張をはっきりと述べて、自分の権利を守るのが裁判なのである。気の弱さまで代理人はカバーしてくれないことを心に留めておくべきだ。

1 情報発信者として被告になる場合

　情報を発信し、その情報に対してクレームが届いた場合、その情報に問題があるのか否かを早急に確認し、問題があると判断した場合には情報を直ちに訂正する手続きを取るとともに、謝罪文を掲載すべきである。裁判等の紛争に発展した場合、素早く対応したという事実が、後々に有利な材料になるだろう。

　訂正した後にも、それまでの情報掲載によって被害を受けたので損害賠償するようにとの要求があるかもしれない。その場合には、正当な損害賠償請求ならば応じるが、不当な請求ならば刑事事件として対応するという方針で臨むのが良いだろう。

　クレームが入って即座に対応したにもかかわらず損害賠償請求されるというのはかなり特殊なケースであろう。悪質な金銭要求である可能性もあるので、①相手方の氏名や所属、連絡先等を確認する、②時系列の事実関係を明示できるように整理しておく、③具体的な請求内容を明示するよう求める、などの対応をとる。メールアドレスや携帯電話番号だけでは民事訴訟を提起する際の情報としては不足なので、必ず実存の氏名、住所等を入手する。そして、何度もしつこくクレームが届く、脅しめいた発言があった、または具体的な金銭要求があった時点で警察に相談に行くと良い。注意点としては、絶対に自分から乱暴な発言は控えることである。できるだけ書面でのやり取りを行い、電話等でのやり取りがあった場合は、その内容をまとめたものを相手方に提示して事実関係の承認を受け、電話でのやり取りの内容も証拠となる資料として残すことが望ましい。

　上記のような過程を辿って、または、そういった前触れもなく突然に裁判所からの訴状が届く場合もある。訴状の内容が正当か否かに関係なく、提出された訴状が形式的に整っていれば、裁判所はそれを受け付けて所定の処理を行うことになるからだ。まず事件を担当する裁判所を確認し、自分の住んでいる場所から離

れていれば、裁判所に連絡して担当裁判所を移送するための手続きを取る。原則として被告の住所の裁判所で審理することになっている。その際、裁判所の担当者、いつ、どのようやり取りがあったのか等についてしっかりと記録し、場合によっては裁判所の対応の不適切さを明示できるように心掛ける。

　裁判所は弁護士には大変強い姿勢をみせるが、実はクレーマー的な一般人には弱い一面がある。民事裁判の判事や書記官等を守る仕組みが社会に整備されていないので、ある程度は仕方のないことだと受け止めるしかないだろう。そうかといって、相手方がひどいクレーマーであるために、不便な裁判所で審理が進められることになってはたまらない。言うべきことは自分の口からきっちりと伝えねばならない。基本的に弁護士は裁判所に対して強い態度には出られないということも常識として捉えておくべきだ。

　裁判所の移送に関する件が決着したら、答弁書を準備して提出し、定められた日時に出廷する。不正な請求の場合、原告は出廷してこないだろう。

　もしも、相手方からクレームがあったが、情報削除・訂正等の必要がないと判断して争いになった場合は、本格的に事実関係と論理展開で争うことになる。情報関連の係争で弁護士に代理人を依頼する場合には、人当たりや性格よりも、論理的思考力を重視した方が良い。まずは、代理人を依頼する前に、相談のみで1〜2度の打ち合わせを行い、その能力を確認すると良いだろう。雑談や自慢話ばかりで時間を消化してしまい、「私に任せれば大丈夫」などと発言するだけで具体的な戦略について触れないような弁護士なら避けた方が良い。場当たり的な性格の人物である可能性が高く、情報を扱う訴訟には不向きであると思われる。論理的思考力に優れている者なら、その具体的戦略の骨子が示されるはずだ。

　本人訴訟の場合も、弁護士や司法書士に相談に行くことから始めると良いだろう。基本的に、第三者が経緯をみても自分自身に理があると判断されるような内容に書面を仕上げるよう心掛ける。また、食うか食われるかの争いの最中ではあっても、過度に感情的にならないよう注意する。自分が当事者になると、どうしても事実関係を自分に有利に把握してしまい、物事を客観的に判断することが困難になりがちだ。そのため、事実関係を第三者が当事者である別事例に置き換えるなどして再検討し、客観性を確保するよう努めるとよい。冷静さを保ってさえいれば、最悪の事態を招くことは防げる。

❷原告の立場として

　自分の名誉が傷つけられた、または金銭的な損害を被った等の問題が発生した場合、刑事事件および民事事件として対応すべきかどうかを検討する。犯罪の範疇に属する事件であるならば、警察に被害届や告訴状を提出するなどの対応をとることになる。詐欺や恐喝まがいの行為に対しては、たとえ被害金額が少ないとしても、社会の秩序を保つためにアクションを起こすべきである。金銭的な損害が比較的大きい場合には、刑事事件としてのアクションと共に民事訴訟も提起することも検討する。ただし、相手方に経済力がない場合は刑事事件で有罪が確定し、民事訴訟で損害賠償が認められたとしても、実質的には金銭的な補償は期待できない。代理人等を立てていれば、その損害賠償金が入ってくることを前提とした高額な報酬を代理人に支払わねばならず、相当な出費のみが残ることになる。

　刑事事件として取り上げられるほどの事件性がないならば、民事裁判で争うことになる。民事で訴訟を提起する場合は、相手方の身元を明確にしなければならない。情報発信者が容易に特定できる場合は訴状を作成して裁判所に提出すればよい。情報開示請求等のために企業等の法人を訴える場合などでは、登記簿謄本等の書類も必要になる。不明なことは裁判所に問い合わせればよいので尻込みする必要はない。裁判所の対応等を含めて裁判の経緯を記録しておくことも重要である。

　相手方の身元が分からない匿名での名誉毀損等に対しては、その匿名での投稿されているコミュニケーションの場の管理者に対象情報の削除を求め、対応がとられなければ裁判等で情報開示請求し、プロバイダを特定した後プロバイダに情報開示請求し、そして情報発信者に辿り着くことになる。匿名情報に対しての民事訴訟は非常にハードルが高い。刑事事件で取り上げられないレベルの名誉毀損情報等で、情報発信者の特定が難しい場合は基本的には無視した方が賢明である。

　注意すべき点は、損害賠償等に関する過激なアクションは、その行為自体が恐喝等の犯罪行為にみなされる可能性があることだ。いくら被害者であるからといっても、冷静さを失ってはならない。警察に被害を申し出ても、多くの場合は送検まで至らず、ましてや起訴まで持ち込める場合は少ない。刑事事件として対

処するというのは、第三者に「犯罪者」としての烙印を押すことを目指して行動することを意味するので、それだけ社会的責任も重い。

　また、仮に第三者を送検まで持ち込めたとしても、相手方から虚偽の告訴だとして逆に告訴される場合も多い。すると、自分自身も書類送検されることになる。書類送検は本来、刑事裁判で有罪になることとはまったく別次元であり、別に犯罪者と同等に扱われる理由はないのだが、マスコミレベルでは書類送検という事実を報道している場合も多い。そして、世間一般には書類送検と、起訴、そして刑事事件で有罪判決等の事実の差が明確ではない。つまり、「書類送検」からは犯罪者であることと同様のニュアンスを感じ取られる場合が多い。刑事事件として第三者を告訴すれば、逆に虚偽告訴罪で告訴されて書類送検される可能性が高くなる。ただし、自身が提出している告訴状に、相手方を陥れるための虚偽の事実関係が含まれていないならば、その虚偽告訴罪に関する事件が起訴に至ることは絶対にありえない。

第8章
環境問題の思考に求められるもの

I　2種の科学と思考

　市民・消費者レベルで環境問題について考えていく際、そこに科学的な態度が要求される。この意見に異を唱える者はまずいないだろう。非科学的に環境問題に対応することを肯定する者は誰もいないのである。しかし、そこには落とし穴がある。「科学的」の捉え方が必ずしも一定の方向性を持っていないということである。

■1 2種の科学

　市民・消費者レベルでの「科学」には、実は2つの側面がある。その一つは、「化学、生物学、医学等の専門分野の知識を取り入れる」ということを意味する。主として理系の専門分野で用いられる用語、特に科学的な固有名詞を消費者レベルにも取り入れる方向性を科学的であると捉えてきた傾向が強い。たとえば、洗剤に含まれる界面活性剤や食品添加物などの名称を消費者リーダーはよく把握している。個々の物質についての名称や化学的性質、そして毒性物質として扱われているか否かの点について大きな関心がもたれる。

　市民・消費者レベルでの二つ目の「科学」の側面は「論理的にものごとを考える」ということを指す。もともと「科学」とは「広辞苑」で「世界の一部分を対象領域とする経験的に論証できる系統的な合理的認識」と説明されており、論理的に物事を考えることを前提としている。その本来の意味に近い態度も、当然ながら科学的であると捉えられる。情報を見比べて、論理的に判断し、それを商品・サービスの選択時に反映させる態度を消費科学的態度と捉えるのである。

　一つ目の科学はいわば「知る科学」であり、二つ目の科学は「考える科学」と称することができるだろう。これまでの市民・消費者による環境・安全問題に対する取り組み姿勢を振り返ると、市民・消費者にとっての科学は「知る科学」を

指す場合が圧倒的に多かったといえる。従来、一般消費者は、危険な食品はどれか、安全な食品はどれか、そして危険を避けて安全な生活を送るための方法論に関する知識としての情報を求めてきた。「合成保存料は避けるべき」「天然物を選ぶべき」などの判断も、他者から教えられた知識としての情報をそのまま受け入れたものである場合が圧倒的に多かった。

表8-1 「知る科学」と「考える科学」

「知る科学」
・化学物質AはLD50が〇mg/kgと毒性が高いので避けるべきである。 ・商品Aは商品BよりもCO_2排出量が少ないのでより良い商品だ。

「考える科学」
・化学物質Aの毒性データ、環境中濃度、各種機関でのリスク評価結果を〇に示す。化学物質Aの是非について各自で評価しよう。 ・商品A〜Eに関するCO_2排出量、性能、その他のデータを〇に示す。商品の優劣について各自で評価しよう。

ところが、環境問題が複雑化して商品・サービスの選択等に関して必ずしも正しい結論が定められなくなった現在、「知る科学」の限界が垣間見えるようになってきた。筆者は一般消費者向けの講演等で、洗剤の選択に関連する内容の話題を取り上げることがあるが、その際、洗剤の選択に関しては種々の要素があるので、それらを総合して捉えて決断すべきであると説明してきた。すると、質疑応答の際に「結局どの洗剤を選ぶべきなのか」との質問を受けることが多かった。従来の消費者を対象とした講演やセミナーでは、明確な方向性が提示され、その方針に従うのが賢い消費者であるとの認識が共有されてきたのである。よって、筆者にもどの洗剤がよいのかとの最終結論が求められるのである。

しかし今後は、種々の考え方やデータを受けて、自分自身で考えて判断する姿勢が求められるのである。筆者は、その観点から他者に対して商品選択の行為を強制または誘導するような発言を避けるようにしてきた。

今後重視されるべきは、「考える科学」だと筆者は思う。考えるためには、基本的な知識が必要であるため「知る科学」も重要となるが、知る対象はデータである。データの読み方、対立意見の整理の仕方など、論理的に物事を考えるための方法論を学習した上で、「どうすべきか」との結論は自身で導き出すものであ

るべきだ。「知る科学から考える科学へ」、これが今後の高度情報社会において、消費者が環境情報とうまくつきあっていくためのキーワードとなるであろう。

　なお、ここでいう「考える科学」は、日本の大学教育等で注目を集めている批判的思考（critical thinking）に類似する概念である。批判的思考の批判は否定ではなく、自分自身の考え方も含めて問題はないかと疑問点をチェックしながら思考する態度を指す。米国の高等教育において最も重要な教育目標の一つに定められ、「何を信じ、何をすべきかの判断のための合理的な反省的思考」（Ennis：1987）、「しっかりとした裏づけのある根拠にもとづいて主張を評価し、判断をくだす能力と意志」（Wade：1997）などの定義がある。合理的・論理的に物事を捉えて判断に結びつける教育であり、具体的には、相反する主張を有する2グループに分かれてのディベートや、疑似科学を土台とした悪質商法などが題材として用いられる。

II 「考える科学」の基本条件

　「考える科学」が成立するための必要条件としては、①感情を抑える、②論理的に思考する、③数値に関する基礎的理解力、の3つの基本能力が求められる。

1 感情を抑える

　考える科学のための第一の条件は感情的にならないということである。思考は論理を積み重ねて結論を導く脳のはたらきを指すが、感情に支配された状況では思考力が削がれる。相手方に対して激しい怒りの感情を抱いている場合や、第三者かあるいは他の要因によって非常に大きな恐怖を感じている場合など、冷静な判断力は削がれて思考する能力がなくなってしまう。マインドコントロールは、感情を第三者に完全にコントロールされて論理的な思考がほとんどできなくなった状態であり、悪質商法によく利用される。

　過度に感情的になる態度は社会の中でマイナス要素になっていることを認識すべきである。気に入らないことがあればすぐキレる、といった態度は情報社会の中では矯正すべき対象とみなされる。

2 論理的に思考する

　論理的に思考するというのは、筋道を立てて物事を考えることを指す。たとえば、次のコミュニケーション例を見てもらいたい。

非論理的コミュニケーション例
【A】　化学物質①は毒性が明らかになっています。その化学物質①を含む商品②は製造・販売・使用を禁止すべきです。
【B】　化学物質①に毒性があるとする説は科学的に否定されています。そのことをご存知ですか？
【A】　たとえ毒性がなくても商品②は禁止すべきです。
【B】　毒性以外に商品②を排除すべき理由はあるのですか？　排除を求めるならば、その理由を明示すべきです。
【A】　あなたの要求は不当です。とにかく私たちが商品②の排除を求めているのですから禁止すべきです。
【B】　理由がないのに排除を求めるというのは科学的ではありません。
【A】　私は科学的です。科学的でないのはあなたです。とにかく私たちの要求を受け入れなさい。

　【A】の発言に注目すると、商品②を排除する理由として当初は毒性を理由に挙げていたが、その後の対話で毒性の有無は関係なく、また理由の明示なく高圧的に排除を要求している。【A】の言動は論理性を無視した非科学的な態度なのである。この言動が認められる状況下で、考える科学は成立し得ない。

3 数値に関する基本的理解力

　「知る科学」では何らかの人間活動や物質等が環境に悪影響を及ぼすといった情報を収集して自身の判断に結びつけるが、「考える科学」では基本的にデータや多様な意見を収集して自身の判断に結びつける。特に「考える科学」で環境や安全関連の話題について意思決定を行う場合、各種の数値データを直接的に判断材料に使うことが多くなる。数値に関する理解としては、数値の大小から差の有無を判定するため、平均値とばらつきに関する数値感覚を備えることが求められる。数値感覚に関する基本的注意事項については第10章で具体的に説明することとする。

III 「無害の証明」について

1. 100％の安全性保証の意味

　消費者レベルで環境問題を考える上での論理性欠如の問題を示す代表的な事例として、「無害の証明」についての混乱が挙げられる。化学物質等の毒性をめぐる論争において消費者側と企業との間で次のようなコミュニケーションがあった。

化学品の安全性をめぐるコミュニケーション例
【企業】① 新成分○○について、毒性試験および環境影響試験を実施した結果特に問題は認められませんでした。 【消費者】① それで、完全に無害だということを証明できるのですか。 【企業】② 完全に無害というわけではありませんが、使用してもほぼ問題はないであろうことが確認されたと現時点では考えられます。 【消費者】② ちょっと待ってください。実に曖昧な表現ですね。あなた方は消費者の健康に関わるものを販売しているのでしょう。消費者にとって100％の安全性を保証できるような製品を提供することが義務ではないのですか。

上のコミュニケーションの課題
100％の安全性を保証できる製品（化学品）とは？ 　→ 無害の証明 　→ 「無害の証明」は可能なのか？

図8-1　無害の証明に関する課題

　図8-1のコミュニケーション事例は聞き流してしまえば特に違和感を抱くような内容ではないように思える。しかし、この消費者側の最後の発言が認められるならば、化学物質の安全性・環境影響等についての科学的な論議は不可能となるのである。

　上記コミュニケーションのポイントは化学物質の無害の証明が可能か否かという点なのだが、当該物質の無害を証明したい場合には、どのようなデータが示されれば良いのだろうか。動物100匹にその物質を与えたところ、特に有害性は認められなかったという結果を示せばよいのであろうか。その際、いったい何グラム与えたのならば無害の証明になるのであろう。糖分でも与えすぎると肥満と

いう健康被害に結びつき、糖尿病患者に与えれば毒物と同様の悪影響を及ぼす可能性もある。よって、糖類であっても100％完全に無害とまでは言い切れないだろう。また毒性試験への供試生物は100匹で十分であろうか。これでは1万分の1、100万分の1の割合で現れるような危険性が確認できない。もともと動物実験で危険性が認められなかったからといって、人間に対しても危険ではないと言い切ることもできないはずである。

　無害を示すデータとは、害がないことを示すデータを意味する。存在しないことの証明とは、存在する可能性をすべて否定することによって初めて成立するものである。たとえば、金の卵を産む鶏がいないことの証明を例に挙げれば分かりやすい。まずは、世界中の鶏を調べ尽くして金の卵を産むかどうかチェックすることが必要になるが、世界中の鶏を調べることなど不可能である。今までに人間の入り込んだことのない場所もあるだろうが、そこに金の卵を産む鶏がいるかもしれない。よって、金の卵を産む鶏がいないことを実態調査から証明することは不可能なのである。一般には、過去に金の鶏がいたという信頼性のある報告が見あたらず、金の卵を産む鶏の存在が生物学的・化学的に考えられないという理由で、金の卵を産む鶏の存在が否定的に捉えられるが、金の卵を産む鶏がいないことを証明すること自体は不可能なのである。

　同様に、ある化学物質が無害であることを示すデータを提出することはできないのであって、毒性・環境影響に関する一般的な試験データの有無を問うのが筋なのである。その上で、どのような試験が実施されたか、またそれらの試験において特に毒性上の問題が認められたか否かが説明され、安全性についての一応の確認ができたと考える。

2.「100％の安全性」の不適切な表現

　ここでは動物実験による安全性評価と100％の安全性との関係について考察することとする。「仮に動物実験で毒性が確認されなかったとしても、それで100％の安全性を保証することにはならない」との表現は、実際に合成化学物質に反対する高名な科学者からの発言の中から取り出してきたものである。100％の安全性を保証するデータなどあり得ないことを十二分に認識している知識人からの発言なのである。

```
┌─────────────────────────────────────────────────┐
│「仮に動物実験で、毒性が確認されなかったとしても、それで100％ │
│の安全性を保証することにはならないのです」                 │
└─────────────────────────────────────────────────┘

┌─────────────────────────────────────────────────┐
│専門家が「○○の発ガン性を100％完全には否定できない」と言った│
│                    ↓                             │
│     ○○の発ガン性を否定できないと専門家が言った       │
│                    ↓                             │
│       ○○の発ガン性を指摘した専門家がいる           │
│                    ↓                             │
│         ○○の発ガン性が認められた                  │
│                    ↓                             │
│           ○○は発ガン物質である                   │
└─────────────────────────────────────────────────┘

┌─────────────────────────────────────────────────┐
│動物実験で発ガン性は認められなかった（ほぼ問題ない）     │
│                    ↓                             │
│   但し動物実験では発ガン性を完全否定できない         │
│                    ↓                             │
│ その実験結果は発ガン性を100％否定するものではない    │
└─────────────────────────────────────────────────┘
```

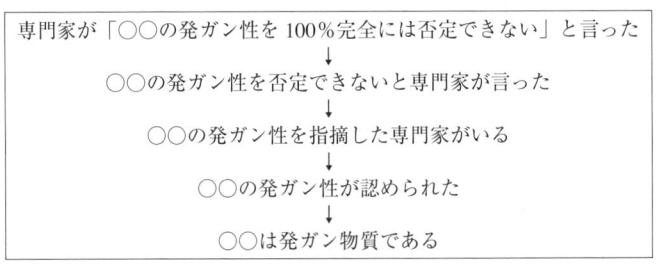

図 8-2　動物実験と安全性

　この発言は、研究者レベルではなく一般消費者レベルに対して、その化学物質を否定的に捉えるように暗に誘導している悪質な表現が含まれている。本来は、毒性試験において危険性が認められず、通常の使用条件のものとではほぼ問題がないと判断される化学物質に対して、「100％の安全性は保証できない」との動物実験での限界を絡めて否定的ニュアンスを込めた表現に置き換える。すると、消費者レベルでの情報伝達の過程で「安全性は保証できない」「危険だ」「毒物だ」に切り替わり、動物実験での結果とは正反対の結論に誘導されてしまう。

　これらの「完全に無害であること」や「100％の安全性」等の表現が受け入れられてしまう状況下では、まともな安全性論議など不可能となるのである。それらの表現は安全性論議における禁じ手であり、消費者情報を混乱させる悪質情報であるとする認識を共有することが求められる。もしも消費者側が、完全無害や100％の安全性を求めることが正当であると考えて企業に接するならば、企業側としては防御策として毒性が連想されるデータのすべてを遮蔽する方向に走ってしまうだろう。それは、消費者の安全に関する重要な情報が消費者に伝わらなくする最悪の事態を招くことになるのである。

　消費者は消費者自身の本質的な安全を確保するために、情報の透明性を確保す

る環境作りに取り組まなければならない。よって上記の完全無害や100％の安全性を求める言動は安全に関するコミュニケーション上のテロ行為ともいえるものであり、厳しく対応する必要がある。

Ⅳ 論理の検証方法

1. 原因と結果の因果関係について

次の2つのデータが示されたとしよう。
①勉強の時間を段階的に増やすと小テストの成績（得点）も段階的に上がった。
②勉強の時間を段階的に増やすと気温も段階的に上がった。

①のデータからは勉強の時間と成績の間に関連性があり、勉強を頑張ったから成績が上がったと素直に理解することができる。しかし、②のデータからは勉強の時間と気温との間に関連性が認められないので、勉強の時間の増加と気温の上昇とは単なる偶然だと判断すべきだろう。たとえば、2月頃から徐々に勉強を始めたところ、夏まで徐々に成績が上がり、その間の勉強時間と成績、そして気温と成績の関係を捉えたグラフを描いたら、①も②も相関性が認められたといった場合である。このように、勉強と成績の関係や勉強と気温の関係等では因果関係の有無が分かりやすいが、実際の環境・安全情報では因果関係の有無が判断しづらく、提示されたデータの解釈が難しい場面によく出くわす。

---

①身長と英語の成績
　特殊な事情のない限り関連性は考えられない（対象集団の中で身長の高い者はバレー部で英語圏の海外留学が義務付けられているなど）。
②成績と家庭の年収
　対象集団が大きくなれば関連性はあると考えられる（教育への投入金額の差など）。但し、年収を上げれば子供の成績が上がるというような直接的な関連性は期待できない。
③性別と決断力
　生物的な性差による影響についての可能性はあるが、生育環境等の社会的影響が圧倒的に大きい。非常に大きな集団として男女間に平均の差があるとしても、就職活動での影響を及ぼす程の個人差につながる影響は考え難い。
④二酸化炭素排出量と地球温暖化（or 気候変動）
　二酸化炭素排出量と気候変動には相関性は認められている。但し、気候変動の原因として二酸化炭素排出量の増大がどれほどの重みを有するかについては議論の対象。大量生産・大量消費社会からの脱却は必要だが二酸化炭素に直結させることについては疑問に思われる。

図8-3　関連性についての考察

図8-3は身長と英語の成績、成績と家庭の年収、性別と決断力、二酸化炭素排出量と地球温暖化の4つのテーマについて関連性を考察した事例である。数値の統計処理から相関性が得られたとしても、そこに論理的な整合性が備わっているのか否かを確認する必要があるのである。

　続いて、実際の社会の中で流通している商品情報に関連する事例で考察してみよう。「水」は生物にとって最も身近な物質であるが、科学的にまだまだ解明されていない不思議な部分が残っている。そのためさまざまな観点から水に関する科学的研究や商品が開発されてきたが、中には客観的効果や科学的根拠が示されていない悪質商法に類する商品も出回っている。たとえば、次の文章で整水器を宣伝する企業があったとしよう。

> 　この整水器を通した水には不思議な力が備わり、①飲用にすると体調がよくなり風邪をひかなくなる、②炊飯するとご飯がおいしくなる、③風呂水に使うと肌や毛髪が健康になる、④農業水に用いると農作物の収穫量が増大するなど、さまざまな効果が認められています。

　不思議な力の備わった水ということで波動水、情報水、πウォーターなどの水を取り扱う商法が横行した。これらの商品については基本的には科学に基づく論理性の有無が問われることになる。基本的に、用いた際の感想的なデータを並べている情報は、無視すべき情報と判断した方が良い。感想的なデータを有効に扱うためには、設問の仕方や回答者の選び方等で、かなりレベルの高い手法を用いる必要がある。特に、その商品のユーザーが新たなユーザーを紹介すると何らかの経済的利益が得られる場合や、その商品の長所を主張することによって人間関係上の利益を得るような仕組みになっている場合は、主観による評価結果はまったく参考にならない。

　市民・消費者の個人レベルで整水器の効能のような理化学的な話題に関して科学的に判断することは難しい部分もあるだろうが、インターネット上の賛否両論の意見を収集し、論点整理を行うことによって、その主張が科学的に正しいのか否かの判断に結びつけることは可能だ。重要なポイントは、必ず賛否両論の意見を集めることである。大規模な組織的情報操作が行われている場合もあり、検索で上位にヒットする情報のほとんどが、ある商品・サービスを肯定するものばかりで占められているという場合もある。中には、自分たちの主張に対する否定的

情報の発信者に対して非常に暴力的な圧力を加えて抑え込もうとする組織もある。よって、商品・サービス等の評判に関する情報は匿名掲示板等に投稿された意見も参考になる。

　整水器などの商品の効果は、使い心地などの曖昧な指標に頼らずとも、水のどういった性質が変化するのかを実験的に証明することが先決であり、その水の性質変化と関連付けて効能を説明すべきである。非常に広範囲に利点があり、一種の魔法の製品のようなニュアンスで宣伝している場合は、詐欺的商法に類するものである可能性が高い。

　現在でも「環境に優しい」という商品・サービスが販売されているが、今後もますます環境志向の商品・サービスが広がっていくことが求められる。現時点では環境無配慮よりも環境配慮型のものへの切り替わりの時期なので、それほど厳密に環境にどのように配慮しているかが問われることは少ないが、今後は環境に対してどのように優しいのかの、その質が問われることになる。市民・消費者として、論理的に考えようとする姿勢と、その判断のための情報収集能力の重要性がますます増大していくことになる。

2. 確率に関する表現について

　ここでは、先述した100％の安全をめぐる問題点について、実際の情報の論理の整合性をどのように検証すればよいのかを考察しよう。理化学的な複雑な問題については専門知識と理系の論理性の訓練が必要かもしれないが、消費者レベルの情報に関しては、下記のような事例に置き換えることによって理解しやすくなる。

❶ある試験に「100％間違いなく合格する」ことの保証

　ペーパー試験での合格率を高めるための一般的な対策は、試験対象となる学力を高めることである。しかし、学力を高めたからといって必ずしも合格するとは限らない。試験当日にアクシデントで会場に出向けないこともあるだろうし、試験日に大幅に体調を崩してしまう、または試験の時間に緊張しすぎて、まともに解答に取り組めないなど、さまざまな合格を阻む要素がある。よって、「学力はほぼ100％合格できるレベルにある」との表現は可能だが、100％完全に合格することを保証することはできないのである。

そこで、もしこの状況が「彼の学力では100％完全に合格するとは限らない」と表現されたとしたらどうだろう。もともと合否自体が不確定な要素を含むものなのだから、学力から「100％完全」のレベルで合否を予測できるわけがない。よって、一般的な学力と合否の可能性を関連付けて、「学力がほぼ100％合格できるラインに達していても、100％完全に合格すると断言することはできない」と表現すべきなのであり、合格の可能性に関してある個人の学力（合格水準に十分に達している）と関連付けたことに大きな問題があったのである。

2 100％完全に交通事故を避けることのできる安全運転

交通事故の可能性は安全運転を心がけることで非常に小さくすることは可能であるが、運転手以外の原因によって避けがたい交通事故に巻き込まれる場合もあり、またその運転手に急激な体調変化（心臓麻痺や失神など）が100％絶対に起こらないともいえない。よって、100％完全に交通事故を避けることのできる運転などはあり得ない。

この件についても、「彼の運転では100％完全に交通事故を避けるとは言い切れない」と表現することもやはり不適切である。これも、もともと交通事故自体が不確定な要素を含むものであるのだから、運転技術のみで「100％完全」のレベルで交通事故を避けることができると予測できるわけがないのである。それを個人の運転技術に結びつけた部分に問題がある。

3 害虫の100％の駆除を保証すべき

ある清掃会社が、多量のゴキブリが出て困っている家屋を清掃してゴキブリを排除する仕事を請け負ったとしよう。効果的な薬剤での処理やゴキブリの住みかになりそうなところを見つけては処理し、やれる範囲内の事はすべて行った。今まで、この方法で数多くの清掃業務を請け負ったが、事後にもゴキブリが残っていたという情報は聞いていない。ほぼ完璧に近い状態でゴキブリは駆除できたと考えている。しかし、もしも「この家から100％完全にゴキブリが消えたことを保証できるか」と問われた場合にはどう感じるだろうか。薬品の到達しないどこかの隠れ場所にゴキブリがまだ潜んでいるかもしれない。100％完全な駆除を求められたとしても、「従来のデータから考えてほぼ100％に近い駆除」としか答えようがないのである。

一方、その清掃業者の駆除作業に関して「その業者の清掃では100％完全にゴ

キブリを駆除したとはいえない」との表現が用いられたならば、やはり偏見を助長する問題情報だと判断される。100％完全な駆除ができないという制限は、その業者に限ったことではなく、ゴキブリの駆除自体の判断の不確実性によるものなのである。特定の業者に関連付けたこと自体が問題なのである。

4 化学物質の100％完全な安全性の保証について

　ここでもう一度、「化学物質Aの100％完全な安全性を保証する」との表現について考えてみよう。もともと、安全性試験の限界から、あらゆる化学物質について、100％完全な安全性を保証することなどできないのである。よって化学物質Aについても100％完全な安全性を保証することなど不可能なのである。

　また、「化学物質Aは100％完全な安全性を保証することができない」との表現について考えてみると、この表現も化学物質自体が100％完全な安全性を保証することが物理的に不可能であることが原因となっている。しかし文章からは化学物質Aと安全性の保証の制限が関連付けられているように錯覚してしまう。ほとんどすべての化学物質に関して100％完全な安全性が保証できないのであるから、化学物質Aに限定した表現になっているところが問題なのである。

第9章
バランス感覚を養う

I 「生活－地球」「科学－社会」の次元認識

1.「生活－地球」「科学－社会」尺度

　ここでは、環境問題に関する消費者の理性的な意思決定のためのツールとして、「生活－地球」「科学－社会」という2つの尺度を用いた次元認識法について説明したい。
　まず、環境関連事項に対する関心度チェックをし、その結果をもとに今回用いる尺度について理解していただきたい。【A】～【D】は、これから受講する予定の講座の内容を示す項目が3つずつ並べられていると想定する。そして各自の興味の強さに従って希望順位を決めることとする。中にはその分野に興味はあるが、十分な知識が備わっているので受講は望まないという者もいるかもしれないが、該当分野に対する興味の強弱に従って決定してもらいたい。
　この【A】～【D】の内容の選択結果で優劣があるというわけではなく、その興味対象から自己分析が可能となる。ここでは図9-2のような2次元の尺度をもとに環境情報を分類することとする。一つ目の尺度は「生活－地球」の軸

【A】	【B】
・地球温暖化のメカニズム ・オゾン層破壊の現状 ・砂漠化防止の最新技術	・化学物質過敏症の原因 ・輸入作物の農薬残留問題 ・大気汚染物質による健康影響
【C】	【D】
・ごみ分別の最先端自治体 ・市民の声を環境行政に生かすために ・消費者のための環境学習の進め方	・途上国の人口問題最前線 ・有害廃棄物輸出問題解決のために ・環境関連国際会議の現状と課題

図9-1　環境関心分野の自己分析資料

で、身近な問題と地球次元の問題というように、主体となる人物と対象となる問題との距離を指標とする。二つ目の尺度は「科学－社会」の軸で、理化学的な要素の強いものが「科学」側、社会的要素の強いものが「社会」側であると考える。すると、「地球温暖化のメカニズム」等の

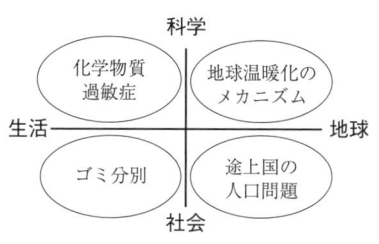

図9-2　2軸による環境問題の整理

【A】が地球レベルの科学的情報、「化学物質過敏症」等の【B】が生活レベルの科学的情報、「ゴミ分別」等の【C】が生活レベルの社会的情報、「途上国の人口問題」等の【D】が地球レベルの社会的情報に位置づけられる。

2. 個人の特徴づけより

　実は、この環境問題に関するこの4つのグループ分けは、多数の人々を対象に、種々の環境問題に対する関心度を調査した結果から得られたものである。すなわち、環境問題に関する関心度を分ける中心的な軸として、「生活－地球」軸と「科学－社会」軸が得られ、「地球・科学タイプ」「生活・科学タイプ」「生活・社会タイプ」「地球・社会タイプ」の4つのタイプ分けが可能となった。

生活－科学タイプ
【長所】
・市民、消費者としての権利意識
・豊かな感情
【課題】
・「危険」「有害」などのネガティブな情報に影響されやすい。
　→論理的思考法の習得が課題

地球－科学タイプ
【長所】
・論理的な思考
・冷静な科学的判断に優れる
【課題】
・実際の社会的な「環境問題」との関わりが薄い？
　→知識と行動の関連について

生活－社会タイプ
【長所】
・優れた行動力
・社会的貢献意識、倫理観
【課題】
・視野を広げることで守備範囲が広がる。
　→行動意欲を削がない学習は？

地球－社会タイプ
【長所】
・幅広い知識
・社会的貢献意識、倫理観
【課題】
・バランス感覚が欠けると感情論に流されやすい。
　→バランス感覚の育成が重要

図9-3　予想される特徴例

さて、タイプ別の予想される特徴、そして特徴に応じた課題について考えてみよう。

このように、関心を有する環境情報の傾向から人を特徴付けることができ、その人に合った効果的な環境学習の指針等も浮かび上がってくる。学校教育等で扱われてきた従来の環境教育は、特に人の個性に対応することなく同一内容が不特定多数に行われていたことが多かったが、個人個人の特徴をつかみ、そのマンパワーをより有効に活かしていくための個別指導が重要になってくるであろう。ここに示した次元認識モデルはそのような個人の環境に対する関わり方を分析し、今後の課題を考えていく際の有益なツールになりうる。

3. 問題解決のバランスのため

では、続いて地球温暖化、エネルギー問題、環境ホルモン問題を題材として、日本で注目される話題を「生活－地球」の尺度で評価し、日本人の環境関心対象の特色をみてみよう。

■1 地球温暖化問題に関して

地球温暖化問題は環境問題として思い浮かべる代表的な話題であり、基本的には地球レベルの環境問題である。日本で注目される話題としてはどのようなものが挙げられだろうか。

マスコミレベルでは、温暖化が進むことによって日本全体が亜熱帯並の気候となり、マラリアの脅威が迫るという話題をよく耳にする。また、地球温暖化に伴う異常気象によって風水害が激しくなり、農業がダメージを受けて食料不足の危機が迫るといった問題が取り上げられる。そして、二酸化炭素排出削減が必要となるので、日本としては地球温暖化防止京都会議（COP3）で定められた削減目標を達するように取り組むべきとする意見が多くみられる。

しかし、実際には日本では地球温暖化の脅威はそれほど身近には感じられない。海面上昇、砂漠化の進展、氷原・氷床の減少等が危惧されているが、日本では直接的な影響は及び難くなっている。砂漠化や氷原・氷床に関する影響は国内ではほとんどなく、海面上昇といっても自然海岸の少なくなった日本では影響が少なく、堤防の補強等によって比較的容易に対応が可能である。

また、日本国内での省エネルギー政策を推進することは非常に重要なことであ

日本人は…	地球レベルでは…
・マラリアの脅威 ・食糧生産への悪影響 ・異常気象による風水害等 ・二酸化炭素排出量削減の日本の対策	・海面上昇、砂漠化の進展、氷原・氷床の減少等 　→日本には直接関係しない地域の問題が深刻 ・米国と途上国の規制、南北問題との関連 ★地球全体として環境保全と経済的欲求・権利のバランスをいかに保つか？

図9-4　地球温暖化問題に関連する関心事項

るが、それだけで地球温暖化に歯止めがかかるわけではない。なにより、米国や中国等の二酸化炭素排出削減に向けての取り組みの進展が重要であり、それ抜きにしては問題解決はあり得ない。しかし、日本国内でそれらの世界的な視点で海外に働きかけようとする意見は少数派で、日本に振り分けられた削減目標に対する取り組みで精一杯の状況である。二酸化炭素排出に関連して、今後の世界では先進国と開発途上国との間でのバランスを保つことが世界平和に向けての最重要目標になるであろうが、そういう次元での日本の役割についてはあまり注目されることはない。

　地球温暖化は代表的な地球次元の環境問題であるが、日本国内では結局、ローカルな次元での話題しか注目されていないのである。

2 資源・エネルギー問題に関連して

　資源・エネルギー問題に関しても日本ではあまり深刻な問題として捉えられているようには思えない。国内では確かに省エネルギー政策を進めるための生活習慣が教育等に取り入れられ、省資源・省エネルギーに向けての技術開発も進行している。ゴミの減量やリサイクルについても行政主体で強力に推進されている。

　しかし、資源・エネルギーに関する問題は基本的には地球次元の話題であって、国内での取り組みだけでは問題解決には結びつかない。確かに新エネルギー

日本人は…	地球レベルでは…
○省エネルギー生活と技術開発 ○ごみの排出量削減とリサイクルの推進 ☆資源やエネルギーの安定供給政策	○化石燃料に頼らない新エネルギー技術 ○資源・エネルギー低消費型産業の創出 ★途上国での資源・エネルギー消費拡大への対応 省エネ・省資源では一致、使用権獲得では対立

図9-5　資源・エネルギー関連の関心事項

の開発等で国内でも積極的な取り組みが進められており、それは大変素晴らしいことであるが、より重要な部分には触れられていないように思われる。具体的には、エネルギー問題に関しては米国や開発途上国の動向が重要なのであるが、それらの国際的な課題に関する取り組みへの日本人の関心は非常に希薄である。世界全体として資源・エネルギー消費の削減が求められるが、問題は削減量の振り分けをどうするかという点である。日本が他国と比較して著しく不利益を被らないように注意しつつ、世界全体のバランスを考えていかなくてはならない。そういうレベルの科学的背景に裏付けられた説得力ある配分案を提案できる頭脳を日本で育んでいく必要があるのである。

　残念ながら、資源・エネルギー等の配分が世界的にみてどうあるべきか、そのような次元で物事を考えている人は日本ではあまり見られない。そのようなグローバルな次元で物事を考える土台が日本には存在しないのである。

3 環境ホルモン問題を例に

　続いて環境ホルモン問題を事例として、日本での環境情報の扱い方の傾向をみてみよう。環境ホルモンとは、動物の生殖機能等に重大なダメージを与える外因性内分泌攪乱化学物質とよばれるものの通称で1997年9月に発行された「奪われし未来」（シーア・コルボーン他著、翔泳社）によって日本中で一躍有名になった問題である。NHKをはじめとしてTV局で特集番組が放映され、1998年～1999年の間だけで100冊を超える一般向け環境ホルモン関連書籍が発表された。

　その中でもよく取り上げられたのは、フロリダ半島のアポプカ湖のワニの雄がDDTおよびその関係物質によって生殖器が劣化し、絶滅の危機に瀕したという話題や、英国の河川でローチというコイ科の魚類の雄に卵巣ができるというメス化現象に産業用洗浄剤の成分の分解生成物が関与している疑いがあるという話題、そして船底や漁網の塗装剤に用いられた有機スズ化合物によって、イボニシという巻貝の一種のメスにペニスが生じるという話題などである。

　その後、当初環境ホルモンの疑いがもたれていた化学物質が主たる原因ではなかったとする訂正情報や、環境ホルモン問題自体をそれほど深刻に受け止める必要はないとする情報等も出回るようになったが、ここでは特にマスコミ等で取り上げられた日本国内の話題を振り返ってみよう。

　日本では以下のようなものが話題として取り上げられた。

プラスチック製食器からの環境ホルモンの溶出　学校給食で用いられている食器のポリカーボネートやカップ麺の容器に用いられているポリスチレンから環境ホルモンが溶出するという話題で、学校給食の食器を別の材料に変更する自治体や、カップ麺の容器を別材料に変更する食品メーカー等が現れた。

母乳中に含まれるダイオキシンの問題　母乳中にダイオキシンが含まれるとの話題が注目され、母乳を避けた方が良いのか、または母乳を与えることによる長所を重視した方が良いのかという話題が注目された。ダイオキシン自体は環境ホルモンとしてはメス化ではなくオス化の原因になるやや特殊な部類に属するが、一般レベルの環境情報では環境ホルモンの話題の中でダイオキシンはかなり中心的に扱われてきた。

ホウレン草のダイオキシン問題　1999年2月にあるTV報道番組において、所沢市のホウレン草等の農作物からかなり大量のダイオキシンが検出されたと説明された。実際にはそれほど怖がるべき汚染状態にはないにもかかわらず、その報道のために当該地域の農業に大ダメージを与えたことが問題になった。

```
日本人は…                       地球レベルでは…
・プラスチック製食器からの溶出    ・途上国の農薬問題
・母乳中のダイオキシン              →有害性の明白なDDTを使用
・ホウレン草のダイオキシン？！      →経済的理由（経済性とマラリアの脅威）
    ➡ 日本人の安全              ・先進国から途上国への有害廃棄物の流出
                                ・地球レベルでの生態系への影響　など
```

図9-6　環境ホルモンに関する関心事項

以上のように、消費者の健康に直結した話題が注目を集め、その他にも歯科医療の詰め物材料、環境ホルモンを避ける食生活として輸入食品や魚介類に関する話題などが注目された。一方で、地球環境次元では次のような話題が環境ホルモン関連のより深刻な問題に挙げられた。

開発途上国の農薬問題　環境ホルモン用作用を有する化学物質で特に問題視されるものが農薬の成分である。経済先進国では使用が禁止されているDDT等の農薬類が、環境ホルモンの性質を有しているにもかかわらず途上国では使用されている。それは、国民の生命を守るための苦渋の選択なのである。熱帯地域ではマラリアが国民の生命を危機に陥れているが、経済的負担を少なくマラリア伝

染の原因になるハマダラ蚊を駆除するために用いられてきたのである。問題となる農薬類は分解性が低く、世界中のどこで放出されても世界中に広まってしまうので、経済先進国内のみで排出を規制しても問題解決に結びつかない。途上国の問題を解決せねば、地球問題としての農薬問題は解決できないのである。

先進国から途上国への有害廃棄物の輸出　先進国では有害化学物質を含む産業廃棄物の処理には非常に厳しい基準が設けられている場合が多いが、その廃棄物を資源として開発途上国に輸出するルートがある。そこに含まれる有害化学物質は回収操作などを経ずに環境中に放出されることになり、地球環境を汚染する。

地球レベルでの生態系への影響　環境ホルモンの問題は、基本的には生態系のバランスを崩すことが最大の懸念材料である。確かに食物連鎖の頂点に立つ人類にとってもその危険性を無視するわけにはいかないであろうが、実際のリスクからいえば自然環境中の生態系への影響をより重視して、冷静に対応すべきなのである。

　これらの地球レベルでの環境ホルモン問題の問題点を念頭に置いて日本のマスコミレベルで注目された話題を見ると、自らの直接的な安全性に関連するもののみに偏りすぎていることが分かる。問題解決のための実際の重みからいえば地球レベルの話題が優先されるべきことは自明であろう。日本で注目された話題の多くは、その後「シロ」と判断されたものが多い。環境ホルモン問題解決のために情報が流通したのではなく、人々の関心を引くために提供される商品としての情報を流通させた結果の騒動であったと振り返ることができる。

　上記が、一般に「日本人は日本人の安全のことには関心が強いが、地球環境に対しては関心が薄い」といわれる所以である。

II　「地球-人間」軸より

1. 地球中心主義と人間社会中心主義

　環境問題について考察・論議する際、種々の混乱要因があるが、その中で次元のズレに関する代表的な妨害要因について考えたいと思う。それは「地球中心主義-人間社会中心主義」軸上の次元のズレである。

現在の環境問題の本質的な原因は人間の存在である。そこで、基本的に人間は地球環境にとってマイナスになるものであると考える方向性を地球中心主義とする。一方で人間社会の中で個々の人間の権利が第一に尊重されるべきだと考える方向性を人間社会中心主義とする。地球中心主義があからさまに支持されることは少ないのだが、科学文明批判という形で大きな影響力を及ぼす。

　たとえば、地球温暖化対策に関連して、極論的な地球中心主義は、人間は科学文明を捨てて本来あるべき地球上の一種の生物として生きていくべきだと主張する。日本国内であれば、江戸時代の生活に戻るべきとの主張に代表されるものである。一方で、人間社会中心主義では、世界経済の活性化、開発途上国の権利、社会の福祉体制の充実等を最優先する価値観を有し、基本的には地球温暖化対応策に対して足止め方向の政策を支持する。

　たとえば合成化学物質に関しては、地球中心主義は化学工業を含めた科学技術に対して否定的立場をとるので、当然合成化学物質の存在自体に反対する。一方、人間社会中心主義では、人体への毒性や生態毒性、また低い生分解性を示す化学物質に対しては規制をかけるが、基本的には合成化学をはじめ、多様な科学技術の自由な発展を望み、その流れの中で人類の英知で地球環境問題に立ち向かおうと考える。

　実社会の中では、地球中心主義と人間社会中心主義の両者のバランスをとった政策が選択される場合が多く、地球温暖化に関しては「持続可能な開発」といったスローガンで開発途上国の権利も考慮した上で、二酸化炭素排出量の削減に向かうように指針が作成された。また合成化学物質については基本的には企業の自由競争を確保しつつ、有害物質の拡散を防ぐような規制を張り巡らしていくという方向が目指されている。

2. 論議混乱の原因

　さて、ここで問題点として提起するのは、この地球中心主義と人間社会中心主義という次元のズレによる情報の混乱についてである。上記のように、地球温暖化対策等の特定のテーマについて地球中心主義－人間社会中心主義の軸での論議をすることは意味あることであるが、地球中心主義的方向の論議中での人間社会中心主義的意見の乱入、または人間社会中心主義的方向の論議の中での地球中心

主義的意見の乱入が混乱を呼び起こすことになる。

　たとえば化学物質の安全性論議において、種々の毒性データを照らし合わせながら排除対象になりうるか否かを論議している最中に、「100％の安全性が保証されないのだから排除対象にすべきだ」といった意見が提出される場合などが挙げられる。このような言動を、第8章において安全性論議における禁じ手であると説明したが、このような発言をする者は、実はそれほどルールを破ったとは感じていないのである。安全性に関する科学的論議をぶち壊したこと自体は認識している。なぜ自身の言動に問題があると思わないかというと、それが地球中心主義的な意識から出た発言だからなのである。

　地球中心主義的な立場からは、もともと化学物質についての安全性に関する規制値など大きな意味を持たない。基本的には合成化学物質を減らす方向が好ましいと考えるので、問題が疑われたような合成化学物質は排除されるべきだと考える。「身の回りはすでに化学物質だらけでうんざりしているのだから、そんな化学物質は排除すべき」と同義の発言なのである。

　地球中心主義的発言が全面的に否定されるべきものだということではないが、上記のような場面での地球中心主義的発言は不適切である。毒性値に関する具体的な論議の腰を折ることになり、結果的には安全性を少しでも高める方向の推進力を削いでしまうことになる。

　地球中心主義的方向を目指すなら、正々堂々と人間社会中心主義と真っ向から意見を戦わせる場面でやりとりすべきである。毒性試験の有無やその毒性値についての論議は、あくまで人間社会中心主義的要素を尊重することを前提とするものである。

　逆に、地球中心主義的立場を前提とした論議、たとえば自然の中の人為的生物種減少を防ぐことを最重要課題とした論議の最中に、「途上国の人々の権利を無視するのか」「リストラで困っている人々の気持ちを理解できないのか」といった人間社会中心主義的な立場からの発言で割り込むのもルール違反となる。

　このように、地球中心主義－人間社会中心主義の軸を意識して、地球中心主義的見解内の話題、人間社会中心主義的見解内の話題、地球中心主義と人間社会中心主義を対立軸においた話題なのかを見定め、異なる次元の話題を持ち込むのはルール違反だという認識を共有することが求められる。

第10章
数値処理の基礎知識

I　数値の信頼性について考える

「考える科学」のための重要なポイントの一つである数値の取り扱いについて考えることとする。数値の取り扱いで注意すべき点は、数値データには重要な2つの要素、平均値とばらつきがあるということを理解することである。

科目A：50点　55点　45点　50点　50点
科目B：30点　70点　10点　90点　50点

たとえば、上記のような科目Aと科目Bの学力テストを比較する場面を想定する。科目Aも科目Bも平均点は50点である。しかし、その内容はかなり異なる。科目Aは最低〜最高の範囲は45〜55点であり安定しているが、科目Bは最低が10点、最高が90点になっており、ばらつきが大きい。ここで科目Aと科目Bのどちらか一方を選択してテストを受ける場面を想定する。目標は下記の2パターンである。
① 40点以上の点数をとる
② 80点以上の点数をとる
①の40点以上の点数をとることを目標とするならば、科目Aを選ぶのが賢明であろう。科目Aでは5回の試験の中で40点未満の結果はないが、科目Bでは40点未満が2回ある。一方で②の80点以上をとりたい場合、科目Bを選択するのが賢明であろう。5回の試験の中で90点が1回あり、80点に近い70点も1回ある。一方の科目Aでは60点以上がとれていないので、80点以上の得点をとる可能性はほとんどないように思われる。このように平均値は同じであっても、ばらつきによって性質が変わるのである。
このようなばらつきを表す指標として、一般には標準偏差が用いられる。実

際、上記の科目A、科目Bの標準偏差を計算すると、それぞれ3.5、31.6となる。これは、科目Aについては50 ± 3.5点の範囲内に、科目Bについては50 ± 31.6点の範囲内に、全体の約7割程度のデータが収まるというレベルのばらつきであることを示す。標準偏差とは、このように平均値からその数値の分だけ大きく、あるいは小さくなった値の範囲内に全体の約7割程度のデータが収まるというばらつきであると理解すればよい。

ばらつきは数値データにはつきもので、環境情報関連でも重要な意味合いがある。特に化学物質の毒性や環境影響に関する問題を考える際には非常に重要である。そこで、化学物質の毒性データを事例として、ばらつきについてどのように考えるべきか考察しよう。化学物質の毒性には急性毒性、慢性毒性、発ガン性、催奇形性などいろいろな項目があるのだが、最もよく知られている急性毒性、つまり即時的な死亡原因となる化学物質の摂取量は、通常ラットやマウス、ウサギやサルなどを用いた動物実験でデータが得られる。一般には、それらの動物がどれほどの量の化学物質を摂取すればその半数が死亡するかという半数致死量（LD50）で表す。単位は体重1kgあたりのLD50に相当する化学物質の質量で示し、体重1kgあたり100mgであれば、100mg/kgとなる。

さて、ここにある化学物質Cの毒性データがあるとする。

化学物質C：50mg/kg　90mg/kg　95mg/kg　100mg/kg　100mg/kg　105mg/kg　110mg/kg　150mg/kg

単純に算術平均をとると100mg/kgになる。さて、この化学物質Cの毒性を100mg/kgとして表して良いのであろうか。毒性の数値は、動物を死亡させる質量なので、少ないほど毒性が強いことになる。数値を確認すると平均値である100mg/kgよりもかなり毒性が強く出ている50mg/kgというデータがある。

そこで考えられるのが、消費者の安全性を考慮して毒性が高くなるような値を代表値として採用すべきだとする手法である。複数の実験データが存在する場合には、その中で最も毒性が強いと評価される値を採用する、つまり消費者への最大の危険性を与える場合を想定して数値を確定することによって、消費者保護を図るというものである。上記の化学物質Cならば、50mg/kgをその毒性値として表すことになる。この考え方は一般に受け入れられやすいもので、筆者が授業中

に学生に質問しても、大多数から 50mg/kg を代表値とする考え方が支持される。

しかし、この考え方には問題がある。次の化学物質 D に関する毒性データがあったとしよう。

化学物質 D：70mg/kg　90mg/kg

化学物質 D に関する毒性データは 2 種のみである。平均値は 80mg/kg となるが、毒性を強く見積もる方法では 70mg/kg となる。そこで、毒性を強く見積もる方法で導かれた化学物質 C と D の毒性を比較すると C の方が毒性が強いと判断される。

しかしよくみると、化学物質 D では実験データが 2 つしかなく、その信頼性に疑問が持たれる。化学物質 C と同じ回数の実験データが付け加えられたとしたならば、70mg/kg を下回る値が得られるであろうことが十分に予想される。そもそも実験データが少ないということは、あまり研究対象とされてこなかったことを示しており、未知の化学物質としてのリスクを高く見積もるべきなのである。化学物質 D の方が化学物質 C よりも毒性に関してリスクが高いと判断するのが適切であろう。

以上のことから上記の化学物質 C と化学物質 D を比べて化学物質 C の方がリスクが高いと評価する手法は支持できないことがわかる。仮に、上記のような化学物質の毒性試験が 1,000 件レベルで行われたならば、その最低値はさらに下がるであろうことが予想され、実験が多数繰り返されれば不利になることになる。すると、真の毒性値とは異なるであろう値が独り歩きしてしまうため、このような考え方は、結果的には消費者保護には結びつかないと判断される。そこで、化学物質の毒性については、一般には平均値を採用することが基本となる。他の物質との毒性比較を行うことを前提としたデータでは特に平均値的なデータが採用されねばならない。

なお、実際の化学物質の規制等に関連しては急性毒性ではなく、日常的に摂取した場合の毒性である慢性毒性のほうが重要視される。毎日どれほどの量を摂取しても健康に悪影響を及ぼさないかという無影響量を指標とするのだが、この場合も実験値の平均値を基準値とし、実験条件による誤差として 10 倍、実験動物の種類の差として 10 倍の、100 倍の安全率をかけて人間への基準値に反映し、

さらにその他の安全率を加算して規制値等に結びつけられる。

Ⅱ　平均値の差の検定

　環境関連、安全関連に関連する数値情報を扱う上で、是非とも知っておくべき事項が平均値の差の有無の判定についてである。それは、先述した数値のばらつきにも関連する。例えば、広告として「△△に関する試験を行った結果、新製品Aは60％であり、従来品Bの50％に比べて明らかに高い効果が証明されました」との表現があったとする。これをどう評価すべきであろうか。次の2つのパターンでみてみよう。

パターン①
新製品A：100％　40％　60％　80％　20％　　平均値：60％
従来品B：30％　90％　10％　70％　50％　　平均値：50％
パターン②
新製品A：65％　60％　60％　60％　55％　　平均値：60％
従来品B：50％　55％　45％　50％　50％　　平均値：50％

　棒グラフにして表すと図10-1が得られる。パターン①では感覚的に新製品Aと従来品Bとの間に差があるとはいえないが、パターン②では両者に差があるように感じられるであろう。平均値だけを取り上げた場合、パターン①、パターン②ともに10％の差があるが、その10％の意味が異なるようである。パターン①では10％の差に意味は無く、パターン②では10％の差に意味がある。このように、差があるのか否かを統計的に決定しようというのが平均値の差の検定である。

　平均値の差の検定を行う数式は図10-2のように表される。比較したい2つのグループのばらつきに関する情報の有無によって用いる数式は異なるが、図10-2の式は2つの標本グループのばらつきは未知であるが、2つのグループ間でばらつきは同じであるとみなす場合の数式である。その他に、2つの標本グループのばらつきが既知の場合、2つの標本グループのばらつきが未知で同じとはみなせない場合、さらにはばらつきが正規分布に従わない場合など、いろいろ

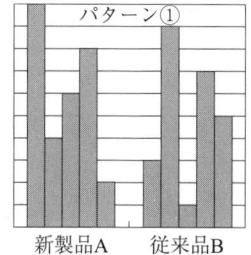

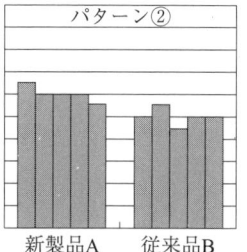

図 10-1　平均値が等しくばらつきの異なる 2 つのパターン

$$t = \frac{\overline{X}_1 - \overline{X}_2}{\sqrt{\frac{\Sigma(X_1 - \overline{X}_1)^2 + \Sigma(X_2 - \overline{X}_2)^2}{n_1 + n_2 - 2}\left(\frac{1}{n_1} + \frac{1}{n_2}\right)}}$$

X_1, X_2：それぞれの標本の各測定値
$\overline{X}_1, \overline{X}_2$：それぞれの標本平均値
n_1, n_2：それぞれの標本数

本式は2つの標本の母集団の母分散が未知だが
等しいと仮定した場合の式である。

図 10-2　平均の差の検定式

なパターンがある。

　では、実際にパターン①、パターン②について平均値の差の検定を行ってみよう。パソコンの表計算ソフトウェア等で容易に計算でき、Microsoft Excelでは分析ツールの「t検定：等分散を仮定した2標本による検定」を使うことができる。

　パターン①の計算結果はt = 0.5、パターン②の計算結果はt = 4.47 となる。ある確率でのt境界値を求め、t値がその境界値よりも大きければ差があるといえる、そうでなければ差があるとは言えないと結論付ける。今回はA、Bともに5つのデータなので、自由度 = 5 + 5 − 2 = 8 における両側検定t境界値（0.05）が 2.31、カッコ内の 0.05 は、5％の危険率におけるt境界値であることを示しており、5％、つまり 20 回に 1 回のミスを犯すかもしれないレベルの精度であることを示している。よって、5％の危険率でパターン②はAとBの間に差があると判定でき、パターン①は差があるとは言えないことになる。また「AがBより大きいといえるか」という風にどちらか一方を他方を上回るか否かを判定する場

合には片側検定t境界値を求めて判定する。今回の場合片側検定t境界値（0.05）は1.86となる。両側検定の方が判定が厳しいので、両側検定で差があると認められた場合には片側検定でも差があるということになるので、一般には両側検定を行う場合が多い。

なお、両側検定のt境界値（0.01）= 3.36、t境界値（0.001）= 5.04なので、パターン②は1％の危険率（100回に1回しか判定ミスを許さないレベルの精度）でも差があるといえるが、0.1％の危険率（1000回の繰り返し実験で1回しか判定ミスを許さないというレベルの精度）では差があるとはいえなくなる。両側検定のt境界値（0.25）= 1.24なのでパターン①（t値= 0.5）は25％、つまり4回に1回のミスを許す程度の甘い基準でも差があるとは言えないと結論付けられる。なお、Excelの場合はTINV関数でt境界値を求めることができ、自由度8の1％の危険率の両側検定のt境界値はTINV（0.01,8）、自由度6の5％の危険率の片側検定のt境界値はTINV（2*0.05,6）という関数で求める。

一般に2つのグループの平均値に差があるか否かを判断する場合、平均には差がないという仮説を立てる。これを帰無仮説（一般にH0と表示）という。すると対立仮説（通常H1と表示）は2つのグループは等しくない、または片側がもう一方より大きいということになる。そして、t値を計算し、t境界値を上回れば平均値に差がないという仮説を棄却して対立仮説を採択して「差がある」と結論付け、そうでない時は平均値に差がないという仮説を採択し、対立仮説を棄却するということで「差があるとはいえない」と結論づける。

平均値の差の検討を行う者は、何らかの効果によって平均値に差があることを期待する。よって平均値に差がないという仮説は棄却されて始めて研究者の意図が達せられる。無に帰される仮説ということで帰無仮説と呼ばれるのである。危険率は、平均値に差があるとする対立仮説を採択する際に、どれほどの危険性があるかを示す。危険率0.5％で平均値に差があるということは、そのデータで差があるという結論を導いた際、その結論が間違いである可能性は200回に1回（0.5％）以下であるということを示す。一方、危険率25％で差が認められないというのは、差があるということを証明しようとして4回のうち1回ミスするほどの寛大な精度で見積もっても、差があるとはいえないということになる。つまり、非常に甘い基準で判定しても差があるとは言えないので、差があるとする

主張は完全に退けられることになる。

　なお注意すべき点は、差があるということは証明できるが、差がないということは証明しがたいものだということである。5つのサンプルの試験で差が認められなかったとしても、100のサンプルでは差が認められるかもしれない。またもっとサンプル数を増やして数千や数万のサンプルを対象に試験すれば差が認められるかもしれない。本来は差が認められるべき試験で、データ数が少ないために差が認められないということは十分にありうることなのである。一方、差が認められた場合には、そのサンプル数の多い・少ないという条件も加味しつつ誤りの危険率を明示した上での結論が導かれたことになる。

III　差の有無を感覚的に読み取る

　つぎに、グラフ等に示されたデータから平均値の差の有無を感覚的に把握してみよう。

　ケース1：t値= 0.582、TINV（0.25,8）= 1.240、TINV（2*0.25,8）= 0.706
　25％の危険率で両側検定でも片側検定でもt値がt境界値よりも小さいため、差があるとはいえない。平均値11.45と平均値11.04の間に生じる差の0.41は意味のない数値である。
　ケース2：t値= 6.759、TINV（0.001,8）= 5.041
　0.1％の危険率、つまり1000回に1回のミスしか許さないという厳しい精度でもt値がt境界値を上回るので、2つのグループ間に十分に差があると評価できる。
　ケース3：t値= 2.496、TINV（0.05,8）= 2.306、TINV（0.01,8）= 3.355
　危険率5％ではt値がt限界値を上回るが、危険率1％ではt値がt限界値を下回る。20回に1回のミスを許す精度では差があると結論付けられるが、100回に1回しかミスを許さない精度での判定では差があるとはいえない。おそらく差があるであろうという程度の結果である。
　ケース4：t値= 1.835、TINV（0.25,4）= 1.344、TINV（0.1,4）= 2.132、
　　　　　TINV（2*0.1）= 1.533

危険率25％の両側検定では差が認められるが危険率10％の両側検定で差があるとはいえない。ただし、危険率10％の片側検定では差が認められる。差の有無についての判定が難しいケースである。平均値12.0と平均値10.7という比較的大きな差があるのだが、サンプル数が少ないため差があると結論付けるためのハードルが高くなるのである。

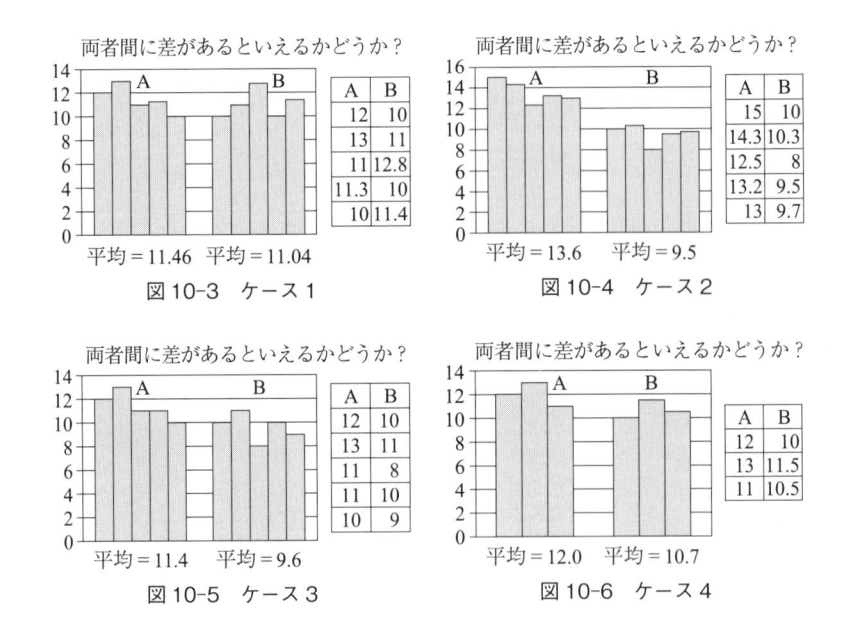

図10-3 ケース1

A	B
12	10
13	11
11	12.8
11.3	10
10	11.4

平均＝11.46　平均＝11.04

図10-4 ケース2

A	B
15	10
14.3	10.3
12.5	8
13.2	9.5
13	9.7

平均＝13.6　平均＝9.5

図10-5 ケース3

A	B
12	10
13	11
11	8
11	10
10	9

平均＝11.4　平均＝9.6

図10-6 ケース4

A	B
12	10
13	11.5
11	10.5

平均＝12.0　平均＝10.7

ケース5：t値＝3.678、TINV（0.005,18）＝3.197、TINV（0.001,18）＝3.922、TINV（2*0.001,18）＝3.610

危険率0.1％の両側検定では差があるとは判断できないが、危険率0.5％（200回に1回のミスしか許さない精度）では差があると判定され、片側検定では危険率0.1％（1000回に1回のミスしか許さないという精度）でも差があると判断できる。通常は、十分に差があると判断できるレベルである。サンプル数が多くなると差の判定基準のハードルが下がる。よって、差があることを確実に証明したい場合には比較のためのサンプル数をできるだけ多くしてやることが効果的である。

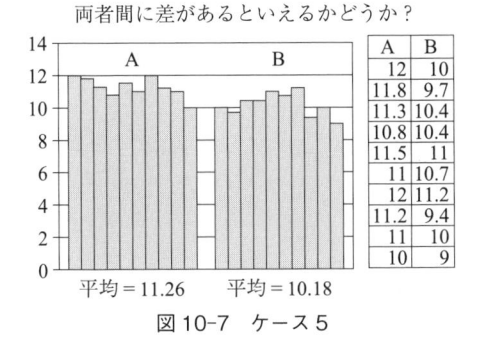

両者間に差があるといえるかどうか？

A	B
12	10
11.8	9.7
11.3	10.4
10.8	10.4
11.5	11
11	10.7
12	11.2
11.2	9.4
11	10
10	9

平均 = 11.26　　平均 = 10.18

図 10-7　ケース 5

Ⅳ　統計のウソを見抜く

ケース1　図 10-8 のように、数値をグラフ化したデータを使用して、自社製品の優位性を説明しようとする情報が散見される。さて、この事例ではどのような疑問点が出てくるだろうか。他社製品の選択法や試験を実施した者の信頼性等も問題になるが、ここでは数値に関してチェックすべき事項を考えてみよう。

①縦軸スケールについて

グラフの縦軸の数値に着目する。除去率（％）は0％から100％までの範囲で変動するであろうことが予測されるが、その中の5％だけの範囲を拡大

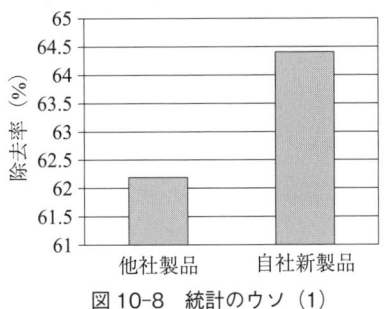

わが社で開発した浄化システムは他社の製品よりも有害物質の除去率が上回っていることが実験的に証明されています。

図 10-8　統計のウソ（1）

している。2つの製品の差は2％程度であり、その差が強調されているのだが2％とは当該試験において意味のある数値なのか？

②差があるという検証は行われているのか

　差があるという結論を得るためには、平均値の差の検定等で確認作業を行う必要がある。仮に当該試験では±5％程度は誤差範囲内に収まるようなものであれば、2％の差とは無視されるべきものとなる。実験の繰り返し回数等を明確にし、その上で検証結果が示されねばならない。

ケース2　ある洗剤類製造会社が自社が販売してきたシャンプーAの宣伝材料として図10-9のようなデータを示したとしよう。これは毛髪の太さを示すもので、シャンプーA使用者の毛髪が、その他のシャンプーを使っている者の毛髪よりも太く、シャンプーAを使用すると毛髪が健康的になるということを主張している。さて、このデータをそのように評価すべきか。

　グラフのデータから両者に差があることは明らかである。実際にt検定を行うとt値が7.278となり、、TINV（0.00001,15）＝6.502なので危険率0.001％の精度、つまり10万分の1の誤差しか許さない精度でも差があると判断できる結果である。統計的には確実に差があると判断できる。

　しかし、このデータは信用できない。一般に毛髪は50〜150μmの幅をとるが、80〜100μmが普通の太さ、100μm以上になると太い毛髪だと判断される。図10-9では、シャンプーA使用者は全員が太い毛髪で、その他の人々には毛髪の太い人は含まれていない。これは、「太い毛髪の人はシャンプーAを使用している」と主張しているのに近い。このデータから判断すると世間一般の人々の

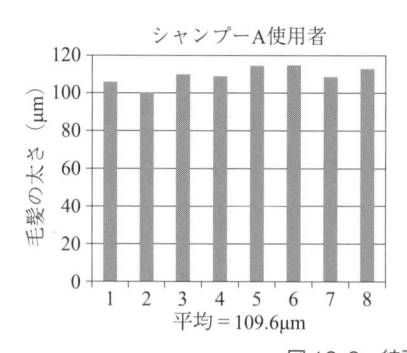

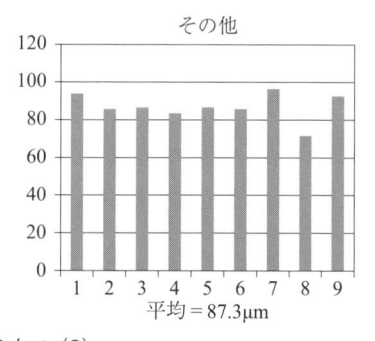

図10-9　統計のウソ（2）

毛髪の大部分は100μm以下の太さであり、100μm以上の太さの毛髪を有する人物は高い確率でシャンプーAを用いているということになる。しかし、シャンプーAはそれほどポピュラーな商品ではないので、世間一般で100μmより太い毛髪を有する人はごく少数でなければならない。しかし実際には毛髪の太い人々も相応の割合を占め、しかも80～100μmを中心に自然にばらついているはずなので、この図で示されたシャンプーAの効果というのは極めて不自然である。

サンプルを収集する際に、シャンプーA使用者として毛髪の太い人を、その他の人として毛髪が太くない人をあえて選択した等の工作を行ったことが明らかであり、一種の不良情報に相当すると判断できる。

ケース3 不思議な力が備わっているとする水が注目を集めているが、その中には実効性やその理由が明らかにされているものもあれば、非科学的な悪質商法に類するものもある。ここでは、仮想の機能水Aに関する非科学的情報をもとに考察する。

図10-10は蒸留水と機能水Aの表面張力を示している。表面張力とは液体の物理化学的な性質を示す一つの指標で、洗剤などを加えると表面張力は小さくなる。よって、洗剤類等を加えないで表面張力が小さくなれば、水に不思議な力が備わったとして宣伝材料に使うことができる。平均値は蒸留水が73.22mN/m、機能水Aが72.04mN/mとなっている。ばらつきに差があるようなので、分散が等しくないと仮定した2標本の検定を行うと、5％の危険率でt値がt境界値（両側）を上回るため、機能水Aの表面張力が蒸留水よりも小さいとほぼ断定でき

表面張力の試験結果
単位はmN/m

蒸留水	機能水A
73.2	72.0
73.5	72.2
72.2	72.1
74.5	72.0
72.7	71.9
平均 73.22	72.04

図10-10 統計のウソ（3）

る。

　さて、このデータに問題はないだろうか。グラフから蒸留水と機能水Aとでばらつきに大きな差があることがわかるが、この点からこのデータの不自然さを説明することができる。ここで生じるばらつきは、表面張力の測定方法に伴うものである。同一レベルの表面張力の測定データからは、ばらつきの度合いとしてほぼ同レベルの標準偏差が得られるはずである。このデータからは蒸留水の標準偏差は 0.87、機能水Aの標準偏差は 0.11 となり、非常に大きな差が認められる。同一の実験方法から得られた値とは評価しがたく、機能水Aは多数の試験結果の中の小さな値をチョイスした、または蒸留水の表面張力の平均値よりも少し小さな値を適当に並べたものであろうことが予想される。このデータも、とても信頼できるものであるとは判断できない。

　ケース4　　視覚、聴覚、触覚、聴覚、味覚などの人の感覚をもとに食品や化粧品の評価を行う手法を官能検査という。ある化粧品メーカーが次の文章で自社商品を宣伝したとしよう。

　「化粧品の使いやすさについて 20 名の被験者を対象に官能検査を行ったところ、わが社の新製品Aが他社の商品Bよりも明らかに使用感が良いことが明らかになった。検定の結果、0.5％の危険率でも有意であった。」

　さて、この情報に関してチェックすべき点はどういった部分であろうか。

1 プラセボ（プラシーボ）効果について

　プラセボとは偽薬（ギヤク）を意味する。被験者治療に関係のないニセ薬でも患者に効果を期待させる情報を与えて投与すると一定の効果が現れる。これをプラセボ効果と呼ぶ。薬効にすら影響するのであるから、効果に関する情報を予め与えられている場合、人の感覚はさらに大きく左右されることは容易に理解できるだろう。また、評価結果に利害関係のある者を被験者とした場合には、結果がどのようにあってほしいというバイアスが働き、客観的な評価結果を得ることが非常に難しくなる。これらの検査の注意点に配慮されているかどうかを見分けることが重要なポイントとなる。

2 検査方法（単盲検法・二重盲検法）について

　プラセボ効果等を防ぐため被験者に試験対象が分からないように行う試験が単盲検法である。また観察者のバイアスを防ぐように観察者にも実験条件が分から

ない形式で行う試験を二重盲検法という。官能検査を行う場合には、このようにノイズ情報による影響を避ける工夫によって、客観性を確保せねばならない。

❸被験者の選択方法

このケースでは20名の被験者を用いたということであるか、その被験者はどのようにして抽出したかが大きな問題となる。たとえば、当該商品を販売する企業の社員やその社員の家族等は、検査方法にもよるが自社製品と他社製品を比較するための被験者としては不適と判断される。また、当該商品を販売することで利益を得る仕組みのネットワーク商法のメンバーを対象として家庭での使用感の調査を行うと、圧倒的多数が当該商品を高く評価する傾向がみられる。そのような調査結果は客観性の点から不良情報であると判断できる。当該商品に利害関係がない第三者機関（調査の信頼性が認められている機関）による検査を依頼することが求められる。

Ⅴ　リスク論・LCAより

近年の環境問題に関する論議をみると、従来の消費者レベルでは縁遠かったリスクアセスメントやLCA（ライフサイクルアセスメント）といった用語がよく用いられるようになってきた。数値の読み方に関して非常に重要なキーワードとして位置づけられるものであるため、ここで簡単に説明したい。

リスクアセスメントとは危険性を何らかの尺度で数値化し、ベネフィットとの関連で許容・採用するか否かの意思決定に結びつける手法である。化学物質の河川での生態影響であれば、当該化学物質の無影響濃度（NOEC: No-Observed-Effect Concentration）から、その化学物質の最大許容濃度（MPC: Maximum Permissible Concentration）を算出し、実際の環境中での濃度（PEC: Predicted Environmental Concentration）を見積もり、その両者の関係から安全率を算出する。PECがMPCを上回ればその化学物質は直ちに規制すべき対象となり、MPC／PECがどれほど大きいかが安全性の尺度となる。

また、LCAは二酸化炭素排出量等の総合的な環境負荷を見積もる手法で、ある商品についての原料収集、生産、流通、消費、廃棄等のライフサイクルの全般、または部分的過程におけるエネルギーコストや二酸化炭素排出量等を計算す

る。

　リスクアセスメントやLCAが普及することは、基本的には複雑な地球環境問題に対応するための有力な手法を身につけることになり、人類にとって非常に好ましい方向性なのだが、一方で市民ベースの視点からは新たな危険性をはらんでいる。手法が複雑であり、データの正確さ等に関しても市民レベルでは評価のしようがない。例えば、化学物質の最大許容濃度など、過去に多くのデータが蓄積されたものは別として、メーカー側から提出されたデータしか存在しないものでは、その信頼性を評価する術がない。特にデータの出典が明示されずに計算結果のみが示される場合など、市民レベルでの監視がほとんど不可能となる。

　またLCAでは生産工程でのデータは生産者側の機密データであり、その信頼性等について市民レベルで評価することはほとんど不可能に近いことになる。実際、紙おむつの製造販売メーカーが、紙おむつと布おむつの環境負荷を比較して紙おむつの優位性を主張するデータを示すといった事例もあるが、この論理展開について科学的な正当性の有無を判定することは市民レベルでは極めて困難である。

　しかし、リスクアセスメントやLCA等の科学的手法は今後ますます普及し、環境・安全に関連した消費社会のあるべき方向性を探る重要なツールとして用いられることであろう。よって、市民レベルでこれらの手法に対応できる素地を準備しなければならない。一般市民がリスクアセスメントやLCAに関する詳細な知識を理解する必要はないが、何らかの問題提起があった場合に、市民・消費者として論理的に考えて判断し、不適切なごまかし操作ができないよう環境作りに励む必要がある。

第11章
新思考ツールで地球環境への対応法を考える

I　2種の社会における地球環境問題解決のあり方

　地球環境問題とは、基本的には資源・エネルギーが無尽蔵にあるという前提で繰り広げられてきた大量生産・大量消費社会の中で明らかになってきた歪みを指す。よって、地球環境問題の解決のためには、資源やエネルギーの消費を減少させることが求められ、それは基本的には経済活動を縮小することを意味する。その経済活動を縮小する手法は、社会が独裁型であるのか民主的であるのかによって大きく異なってくる。

　独裁型社会とは上位者が少数で下位になるほど人口割合が増えるピラミッド型の人口構成の社会で、上位者に圧倒的な政治的・経済的・軍事的な権限が集中する社会である。独裁型社会同士が利害関係等で対立する場合は、生死をかけた競争によって資源・エネルギー消費が多くなり環境も悪化するが、全世界で一極集中独裁型社会が構築されるならば、ある意味、理想的な省エネルギー・省資源型の社会が実現できる。ただし、そこでは大多数派の人々の人権は無視され、それゆえ生存可能な資源・エネルギー消費すら保障されない。現代の国際祭社会で共有される「正義」からはほど遠い社会であるが、いったん、一極集中の独裁型社会が形成されれば、そこには人類の経済や文化等の発展の必要性はなくなり、真の意味での持続可能な社会が形成され得る。

　民主的社会では自由と平等を基本理念とする社会であり、現在の世界中で暗黙のうちに目標とされている対応策である。各個人、集団、国家等の自主性と社会ルールによって解決が図られるが、実社会では非常に大きな困難を伴う。個人レベルでは、社会を意識して自らの行動を規制していくという高度な民度が求められ、国家レベルでも自国の利益だけではなく地球レベルでの共存のためのバランス感覚を備えた意思決定が求められる。しかし、個人レベルでのモラルの問題

や、国際レベルでの南北問題や覇権主義的な国家の存在を目の当たりにすると、民主的社会として現実に地球環境問題に対応するには計り知れない困難さが伴うであろうことが容易に予測される。

地球環境問題への対応を思考する場合、上記のように、地球全体としてどのような社会を構築すべきなのかに注目する必要がある。我々の価値観からすれば、自由や平等の人権を無視した独裁型社会というのは肯定されるべきものではないだろう。必然的に、民主的社会の中で如何に地球環境を保全していくことができるのかということが現実的な課題となる。

表11-1 地球環境問題に対応する2つの方法

	独裁型社会	民主的社会
社会の特徴	ピラミッド型の社会構成で、上位者が下位者を支配。下位者の自由を制限する。	「自由と平等」を基本理念とする社会。国連を中心とした現在の社会の延長。
環境対応についての特徴	下位者の権利・自由を剥奪することによって、資源消費やエネルギー消費を大きく抑え込むことができる。経済発展の必要もない。	各人の自主性と社会ルールに基づいて省エネ・省資源化を推進する。大量生産・大量消費社会からの脱却が求められるが、南北問題等の関連で、グローバルな対応は非常に困難。
社会の安定性	覇権争いの勝者がピラミッドの上位に位置することになるが、世界大戦等の過程を経ることになる。また、多数派の人権が無視されることになるので安定化が困難。現代のメジャーな価値観（人権等を尊重）からは受容できない。	資源・エネルギー等が回っているうちは安定だが、それらの不足に伴って経済不況から社会混乱へとつながっていく。個人の人権とサステイナビリティを両立する新たな社会構築が必須。

サステイナブルな民主的社会を形成するためには？
➡ 新たな視点の環境教育が必要

II　モラルと論理的思考の必要性

民主的社会を維持しつつ、地球環境を保全するためには具体的にどのような対応策が求められるのであろうか。これまで、省エネ・省資源技術が開発され、また二酸化炭素排出量等の国際的な規制等にも注目が集まってきた。貧困が最大の環境破壊要素の一つであるとして、貧困への対応策も種々の場面で検討されてい

る。また先進国を中心に、省エネ・省資源意識が広がりつつある。しかし、地球全体としての地球環境問題への対応が進んでいるかといえば、決してそうではない。個人レベルの環境意識の形成が遅れており、環境教育等を通じてその普及が目指される。以下、この環境意識革命のための一つの方法論について説明する。

一言で環境意識といっても、そこには種々の段階がある。図 11-1 は環境教育の目標を設定したものである。次元の「高〜低」のスケールに環境教育の目標のレベルを示している。「犯罪レベルの反環境行動」とは、廃棄物の不法投棄で利益を得る等の反環境行動に直結するモラルの欠如状態を指す。迷惑行為レベルの反環境行動とは、ごみを廃棄する際に規則で定められた分別方法を無視したり、たばこの吸い殻のポイ捨てなどを指す。その上の段階は、ごみの分別等をきちんと実施するという、基本的に定められた規則には従うというレベルであり、環境教育では最低限度到達すべき目標に掲げられるものである。さらに次元が上になると、多少価格が高くても環境に配慮した商品を選択するという意識レベルであり、地球上の大部分の人類にこのレベルの環境意識が備われば、地球環境問題への対応というのはそれほど困難ではなくなるであろう。そして、さらに望まれるのは経済と環境とのバランスを科学的に捉えて思考し、サステイナブルな社会実現のために環境リーダーとして活躍できるレベルを指す。

このように、次元別にどのような課題があるかを考察すると、次元の低いレベルではモラル教育が、次元の高いレベルでは論理的思考教育が必要とされることがわかる。従来の環境教育では、自然の大切さを実感するとともに、環境汚染の

高　・経済と環境負荷のバランスを考察
　　・多少価格が高くても環境に良いものを購入
↕　・ゴミの分別等をきちんと実施
　　・迷惑行為レベルの反環境行動
低　・犯罪レベルの反環境行動

モラル教育 ＋ 論理的思考教育

【従来の環境教育】
自然の大切さを実感
環境汚染の仕組みを知る
身近な行動

図 11-1　環境教育の目標

仕組みを学んで人間の生活が環境汚染の原因であることを知り、またごみの分別等の身近な行動の実践から環境意識を育む教育が行われてきた。そして、日本の中での環境意識の向上は一定の成果を示したと考えられる。しかし、世界レベルでの環境対応策を考えると、従来とは異なる何らかの打開策の必要性が認識される。地球環境問題に対応するためのモラルや論理的思考の教育に関する理論と実践が重要になる。

　たとえば、図11-2のように4つのリンゴを2名で分ける場面を想定する。日本人ならば大多数が平等型の2個ずつ分配することを当然だと考える。あるいは、2名に著しい体格差等があればその条件を考慮して傾斜配分するなどの手法もあるだろう。これらはA、Bの両者の人権を意識したうえでの平等な配分を考えるのである。しかし、地球レベルでの環境教育等を意識するなら、これとはまったく別の思考パターンも存在することを認識しておかねばならない。社会的、あるいは肉体的に優位な者がリンゴを独占することが当然だとする弱肉強食型の考え方もあるのである。先に示した民主型社会ではなく独裁型社会の基本思考がこれに相当する。民主的社会の中で地球環境問題に対応しようとするなら、まずはこのような平等の概念を共有することが最低限度の目標となる。異なる言い方をすれば、力ずく・暴力的に資源やエネルギー等を占有しようとする態度に接したなら、民主的社会を目指すものは断固として屈してはならない。

　また、社会のモラルは社会の存在を認識して初めて形成されるものだという点も重要だ。農業・工業等の生産業やサービス業でも、一人で作業するよりも複数

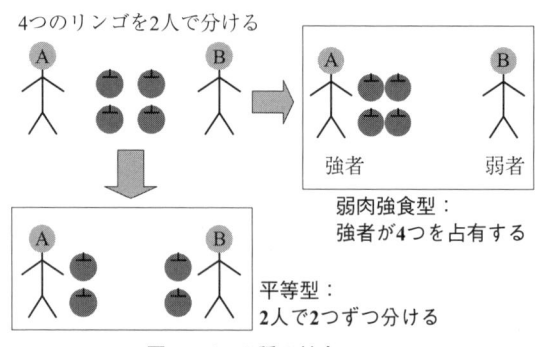

図11-2　2種の社会ルール

のメンバーで協力して作業にあたる方が効率が良くなる。そこでさまざまな協力体制の組織化が行われることになるが、その集積として社会を形成する。

窃盗等の犯罪は、他者の財産や生産物等を奪い取ってしまうことであるが、これらの犯罪の原因はどこにあるのであろうか。不正な行為だと認識しつつも生活苦で追い詰められて仕方なく犯罪行為に手を染める場合もあるであろうが、特に悪意なくとも他者の所有物を奪い取ってしまうことが当然だと考える思考パターンも存在するのである。それは、あたかも自然が培ってきた野生の動植物を、人類が無尽蔵の資源として乱獲してきたのと同様の感覚であり、他者の所有物や権利を何の悪意もなく奪い取る。自然を意識し、自然環境が破壊されれば自分たちにも不利益が生じることを意識できなかった過去の人類と同様に、社会を認識せずに犯罪行為に走り他者の権利を侵害するなら社会自体が破壊されてしまい、それは自身にも不利益が生じるという思考回路が備わっていないためである。

犯罪行為に及ぶほどではなくとも、ごみやたばこの吸い殻等のポイ捨てなど、社会の基本ルールが守られないこと自体が、社会の認識が備わっていない状況を表す事例となる。

これら、社会が認識できずに基本的モラルを欠いている者に対して、いくら地球環境問題の解決についての重要性を述べたとしても、決して受け入れられはしない。また、最低限度の論理的思考能力が備わっていなければ、社会の存在を認識することもできない。よって地球環境問題解決のための環境教育には、それに

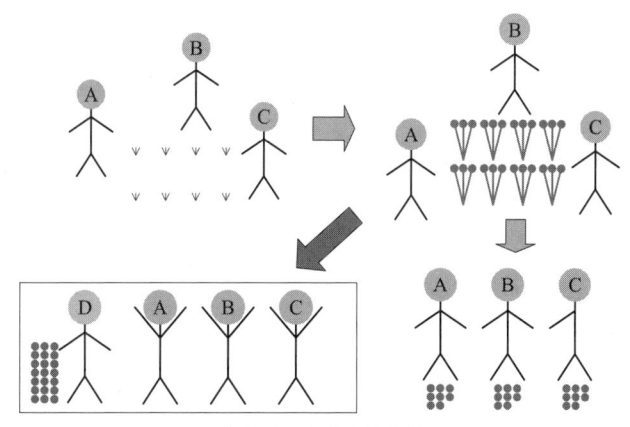

図 11-3 社会の仕組み

対応するモラル教育や論理的思考教育がきわめて重要な位置を占める。そのモラル教育や論理的思考教育を繰り広げていくためには、まずはモラルとは何か、そして論理的思考とは何かを明確にしておく必要がある。

Ⅲ 「支配-被支配」の人間関係による思考ツール

モラルと論理の意味を明確にし、そしてその教育の指針を得るために、一つの思考ツールを提案する。これは支配・被支配の人間関係をもとに、個人、組織、国家等の社会の特徴付けができるようにするグラフィカルな概念である。これを用いて、日本と西欧社会の違い、民主的社会と権威主義的社会の違いを明確にし、モラルとは何かを考え、そして論理や科学の意味を捉えることができる。

まずは、その人間関係を矢印の方向と矢印の大きさで表すこととする（図11-4）。矢印は影響力（＝支配力）を示し、片側方向のみの矢印で表される関係は一方が他方を完全に支配している関係を、両側方向への同じ大きさの矢印は2者間に対等の関係が成立していることを示す。また両側矢印でも矢印の大きさが異なれば、矢印の大きい方が小さい方よりもやや支配的であるという関係になる。

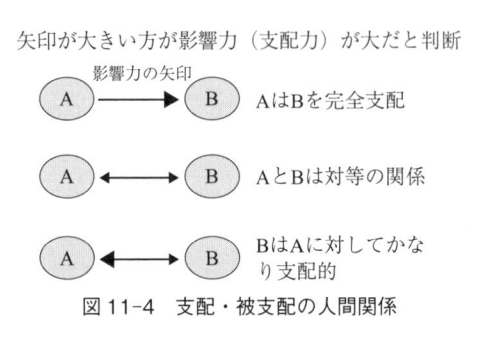

矢印が大きい方が影響力（支配力）が大だと判断

影響力の矢印
Ⓐ ──→ Ⓑ　AはBを完全支配

Ⓐ ←──→ Ⓑ　AとBは対等の関係

Ⓐ ←── → Ⓑ　BはAに対してかなり支配的

図11-4　支配・被支配の人間関係

標準的な個人のパターンを図11-5に示す。同僚とは対等の関係、上位者からはやや影響を受ける（＝やや支配される）関係だが、下位者にはやや影響を及ぼす（＝やや支配する）関係にある。上位者にも小さな矢印が向いているので完全に支配されているのではなく、わずかではあるが言うべきことは言える関係であ

図11-5 標準タイプの人間関係

り、下位者からの意見もある程度受け入れる。

　このように矢印で表す人間関係として12通りのパターンを図11-6に示す。図中の右側に向かえば両方に矢印が向かい、左側に向かえば矢印は片側方向になる。よって、右側が相互的（≒民主的）、左側が一方的（≒権威的）な人間関係となる。また図の中の上側に向かえば自分から矢印が外側に向かうので利己的となり、下側になれば外部から矢印が自分に向かってくるので利他的となる。

　図11-6の特徴付けを行った結果が図11-7である。図の左上部は矢印が一方的に出ているので「支配者」と位置づける。独裁国家の独裁者やモンスターペアレントなどをイメージすると分かりやすい。左下部は一方的に矢印を受けるので「被支配者」となる。カルトや思想組織等にマインドコントロールを受けている者等に相当する。支配者と被支配者の間には権力志向者、つまり上位からは完全

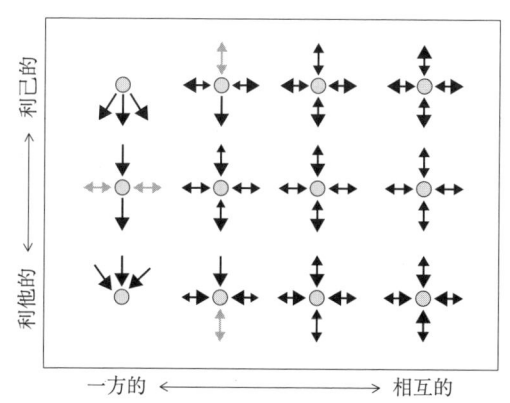

図11-6　支配・被支配の人間関係の12パターン

に支配され、下位者に対しては絶対的服従を要求するタイプが位置づけられる。

図11-6の一番右側の列は他者との間に両方向の矢印が出ているので他者との間で支配・被支配の一方的な関係にはならず、相互的な関係を形成している。中位置はすべての他者に対等の関係を有するタイプで完全相互型と命名しよう。その上部は自分から外に向かう矢印の方が自分に向かう矢印よりも少し大きいので、自分の権利を主張することに重きを置くタイプ、下部に位置するのは自分自身に向かう矢印が外部に向かう矢印よりも少し大きいので、自制心がより大きく働くタイプである。それぞれ図11-7のように「契約者」「道徳者」と命名する。

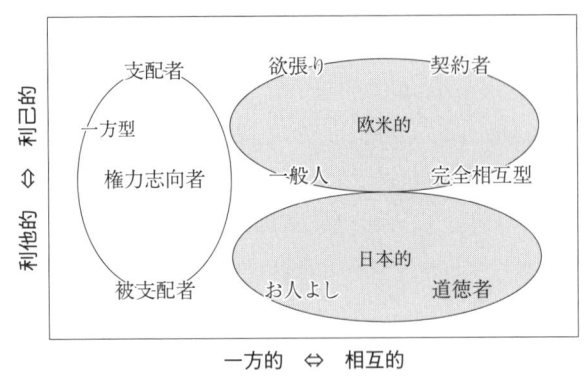

図11-7 人間関係図からみた類型化

図11-6の中間の2列は、一方型と相互型の中間的な存在で、上部から下部に向かって図11-7の「欲張り」「一般人」「お人よし」として位置づける。欲張りは外部に向かう矢印が非常に大きいが、内側に向かう矢印もわずかながら存在する。外部からの話をまったく受け付けなくもないが、自分から外部に支配的になろうとする部分が圧倒的に大きい。お人よしは内向きの矢印が外向きよりも圧倒的に大きいタイプで、日本の昔話に登場する素朴で心優しい老夫婦等をイメージすれば分かりやすい。

このように、支配・被支配の人間関係をパターン化し、それに当てはめて社会や個人の特徴を把握することによって、モラルや論理思考の位置付けが分かるようになる。

Ⅳ　地球環境問題に対応する「和のモラル」

　日本と西欧の比較は「タテ型社会－ヨコ型社会」等として捉えられてきたが、本書の思考ツールの中では西欧社会は契約者を中心とする社会、そして日本は道徳者を中心とする社会として理解できる。西欧型社会では社会のルールに従って個人の最大の利益を得るよう努力することが正しいとされる。一方で日本型社会では個々人が社会を守ることを最大の目標として、傲慢、貪欲、憤怒などを否定的に捉える協調型のモラルを共有する。

　論理や科学は西欧型の契約社会にとって最も重要なコミュニケーションツールである。平等の原則のもと、論理的に正しい、また科学的に真実であるとされるものに正当性があるという前提でルールを策定し、そのルールに従って各人が自由に活動して最大の利益を目指すのが西欧型の契約社会であり、高度経済成長に最も適した形態である。一方、日本の道徳的価値観は自給自足型の理想社会として例えられる江戸時代の社会の流れを受け継ぐもので、経済成長がなくとも持続する社会を可能にする。戦後の日本の教育の大きな目標の一つは、人間関係の矢印を内向きから外向きに変化させることであった。

　日本は高度経済成長時に西欧型の社会システムや科学が教育機関等を通じて積極的に導入され、一定の成功を収めたのだが、論理性はさほど導入されなかった。社会活動の中で論理性が際立つのが裁判等での係争であるが、社会の調和を重視する日本社会では裁判は一般の人々からは縁遠い。ディベートもあまり好まれず、論争が本当の喧嘩になってしまいやすい。直接的な衝突を避けようとするのが日本社会の特徴である。

　以上、日本を道徳社会と位置づけたが、モラルにはいくつかの次元がある。「人を傷つけない」「他者のモノを盗まない」「ウソをつかない」等は法的にも規制されるもので、日本にも西欧にも共通する基本モラルに位置づけられる。その上位の高等モラルとしては「傲慢にならない」「強欲にならない」「感情的に憤怒しない」などがある。これらは図11-8の仏教やキリスト教で定められている教義の一部にも相当する。また高等モラルが共有された社会では「譲り合い」という最高位のモラルが共有されうる。特にこの高等モラルや「譲り合い」の次元の

キリスト教の十戒より	仏教の十善より
【神との契約】 ◇主が唯一の神であること ◇神の名を徒らに取り上げてはならないこと ◇安息日を守ること ◇偶像を作ってはならないこと（プロテスタント） 【社会モラルとして】 ◇父母を敬うこと ◇<u>殺人をしてはいけないこと</u> ◇姦淫をしてはいけないこと ◇<u>盗んではいけないこと</u> ◇<u>偽証してはいけないこと</u> ◇隣人の家をむさぼってはいけないこと 【7つの大罪】 <u>傲慢　嫉妬　憤怒　怠惰　強欲</u> 暴食　色欲	◇<u>人を殺傷してはいけない</u> ◇<u>人の所有物を盗んではいけない</u> ◇性的に淫らであってはいけない ◇<u>嘘をついてはいけない</u> ◇無意味な飾り言葉を使ってはいけない ◇<u>乱暴な言葉や悪口を発してはいけない</u> ◇二枚舌を使って人を仲違いさせてはいけない ◇<u>欲張ってはいけない</u> ◇感情をあらわにして怒り狂ってはいけない ◇ひがんだり、ひねくれた考え方をしてはいけない

図 11-8　宗教関連の社会ルール

モラルを本書では「和のモラル」と表現することとする。日本社会の中で当然のように振る舞われてきた「譲り合い」は、実は非常に崇高な次元の社会にしか達し得ない習慣なのである。

　地球環境問題を受けて、持続可能な地球社会の構築が求められるようになったが、それは無尽蔵な資源・エネルギーを前提として成立する大量生産・大量消費型の西欧型社会から、経済成長がなくとも平和で安定な社会を持続させることのできる旧来の日本型社会への転換が求められることを意味する。物質・エネルギーの消費を少なくする代わりに高度な文化で経済を活性化し、豊かな心の触れ合いを幸福感に昇華して安定な世の中を維持する社会が目指される。現在の世界状況からして、経済成長を急停止させることは非現実的であるが、30年〜50年スパンで、地球全体が「和のモラル」を共有する社会に徐々にシフトしていくことが求められるのである。

V 一方型思考への対応はどうあるべきか

　日本型社会も西欧型社会も両方向の矢印で表される個人同士の相互関係を土台として成立する相互型社会（≒民主的社会）である。それに対して一方向の矢印、または圧倒的に片側の矢印の大きな人間関係で成立するのが一方型社会（≒権威主義的社会）である。相互型社会での正義は論理やモラルで決定する。それに対して、一方型社会では上位者の意思そのものが正義となる。捏造した事実であっても上位者が正しいと決定したなら、当人にとっては、それが絶対的に正しいことになる。

　一方型の個人としては、学校でのモンスターペアレント、病院でのモンスターペイシェント、そしてモンスターコンシューマー（≒クレーマー）などが挙げられる。西欧型の社会化を模索する中で、自分の権利を主張する外向きのベクトルを大きくすることが正当だとされ、その外向きのベクトルのみが異様に肥大化して生まれた支配者タイプが、これらのモンスターということになるであろう。

　また、カルトに嵌まり込んでしまう者等は、本来は内向きのベクトルの大きな「お人よし」タイプであった者が多いであろう。それが支配者タイプの口車に乗せられ、一方型組織の最下層の被支配者の枠にはめ込まれて身動きが取れなくなったのだと理解できる。被支配者の立場に嵌まり込んでしまえば出口がない。上部から命じられれば、それがたとえ法律や社会的モラルに反することであっても容易にやり抜いてしまうことになる。

　カルト以外に社会運動の組織でも同様の傾向が認められる場合がある。社会運動グループには知識層が多く論理的思考にもある程度適合できるはずだが、あるスイッチが入ると論理の通じない感情型に切り替わる傾向がある。たとえばリベラル派に属する知識人の中には、リベラル左派に不利な情報が入ると豹変する者もいる。「資本主義が悪の根源である」とする当人にとっての絶対的な真理の呪縛から逃れられないためであろう。

　筆者は理系分野の実験研究を主体に行ってきたが、方法論が明確で比較的正誤を判定しやすい科学分野においても、社会正義を謳うリベラル組織等から捏造データや非科学的情報が多量に発信されてきたことを知った。そして科学の土俵

で決着を図ろうとするのではなく、相手方の情報発信を妨害する、苦情電話等で公的組織に圧力を加える、ネット上で相手方の不評を拡散しようとするなど、筆者の想像をはるかに超えた威圧行為で対応する場合があること、そしてそれらの行為に何の罪悪感も伴っていないことを知り驚いた。そこで筆者が悟ったのは、一方型個人・組織に利害関係の及ぶ科学論争では、個別の事項について論議するだけでは問題解決には結びつかず、その非科学的態度の根源を理解し、その問題点を指摘していくことが重要だということである。

この経験を契機として筆者は歴史論議を含んだ社会問題に関する情報にも関心を抱くようになった。事実の正誤の決定が比較的容易であるはずの科学論議ですら上記の状況である。ましてや、歴史論議等においては莫大な利害関係と論証の難しさ等から、真実を探求する論争からかけ離れた場で、壮絶な圧力行為で事実が歪められてきたであろうことが容易に想像できる。

近年、日本の道徳社会の弱点が明らかになってきた。戦後の国際化の進行と共に、海外から一方型の価値観や人材が流れ込んできたのだが、道徳心を共有するということを前提に社会の協調性を保ってきた日本社会は、一方型の支配者的な存在（完全に自己中心的なタイプ）を抑える手段を備えていなかった。戦前の社会システムでは不道徳な態度に対して道徳教育や村八分的な圧力で抑制することができたが、戦後は差別問題などと絡められて傲慢、貪欲、憤怒などの民度の低い態度を否定する手段が抑え込まれてしまった。

日本型の道徳的社会はそのままでは一方型思考の個人や組織、あるいは国家等に乱されてしまう。実際、日本ではモラルが低下し、モンスターに逆らわないように服従する権力志向者や、自らもモンスターになって被害を免れようとする者たちが増加しているように思われる。学校教育の現場や大手マスコミ等でも特定方向へのバイアスがかかっていることが明らかになってきた。日本をめぐる歴史論争の歪みの根本的な原因もそこにある。歴史に真実を求めるのではなく、政治に有利なように歴史を改竄してしまう一方型主義者の強引な情報操作によって真実が見えなくなっている。

対応策として、科学と同様に歴史に関しても、真実を正しいとすることの重要性を再認識することが求められる。ある企業が一方型組織からその歪曲された歴史を受け入れるよう圧力がかけられたとしよう。近視眼的な対応としては、嫌が

らせなどで企業に不利益が及ばないよう、相手の言い分を適度に受け入れておくことが正解だと考えるであろう。相手方に逆らえば「差別者」のレッテルを貼られることが予測される場合には特にその傾向が強まるであろう。しかし、このような妥協の態度の積み重なりで、日本は今や正直者が馬鹿をみる、実に暮らしにくい社会に変わりつつある。

　個人も組織も今一度、日本社会の暮らしやすさを守ることが如何に重要なことかを再認識すべきだ。日本経済の低迷が大きな問題として取り上げられているが、日本には表面には現れていない大きな財産がある。それは暮らしやすさだ。犯罪が少なく、電車の中で座ったまま居眠りでき、ジーンズの後ろポケットに大きな財布を入れて街中を歩くことができ、バッグや財布等の落とし物が持ち主に帰ってくる可能性が高く、そして女性が夜中にひとりで道を歩くことができるなど、国全体としてのモラルの高さが日本は際立っているのである。日本住民としてこの財産を決して失ってはならない。それが、将来的には非常に価値ある差別化要素となりうるのだ。そのような安全な社会を築くためには一方型の価値観が社会悪であるとする認識を日本国内で共有することが求められる。

　相互型社会と一方型社会の違いは何らかの論議の際に明らかになる。相手方の言い分を聞き、自分の意見を相手に伝え、両者の言い分を整理しつつ、論理性とモラルをベースに解決を図るのが相互型社会である。それに対して、相手の言い分を抑え込んで自分の言い分を押し通すことを成功とみなすのが一方型社会の価値観である。今後の地球環境には和のモラルを大きく取り込んだ相互型の地球社会を構築することが求められる。一方型価値観への対応は、日本国内の安定性を取り戻すだけではなく、今後の地球レベルでの環境問題対応という点でも重要な課題になる。今後、これらの視点を考慮した科学論議、そして論理性を重視した歴史論議が活発に展開されていくことが、民主社会型の地球環境対応策に繋がっていくものと考えられる。

第12章
サステイナブルな社会を構築するための課題

I　省資源・省エネルギーの必要性

　地球環境問題としては、温室効果ガスによる地球温暖化、フロンガス等によるオゾン層の破壊、窒素酸化物・硫黄酸化物による酸性雨、熱帯林破壊、砂漠化の進行、海洋汚染、有害化学物質の拡散、資源・エネルギー枯渇、自然破壊等々の問題が挙げられるが、その対応策を最も単純化して表現すれば「省エネ・省資源」ということになるだろう。ほとんどすべての地球環境問題は人間の再生産性の乏しい産業活動によって発生しているのだから、その活動を抑制することが解決策として求められる。

　しかし、単純に産業活動を抑制することは経済の停滞に直結し、雇用不安や環境対応予算の不足等で環境問題解決を遠ざける。産業活動としては省エネ・省資源を達成し、同時に経済的には活性を保っていなければならない。そのためには、生産者側のみの視点ではなく、また生産者側の活動を考慮せず切り離した消費者側の視点のみでもない、新たな総合的な視点からの取り組みが求められる。

　地球次元での環境問題の本質は、資源とエネルギーの有限性にある。石油や各種鉱物等の地下資源の枯渇問題は古くから取り上げられてきたが、資源発掘技術の向上が資源埋蔵量を引き上げていくというサイクルによって、結局は資源・エネルギーの枯渇というのは現実味を帯びてこなかった。

　しかし、近年になって資源の生産性のピークを迎えつつあるという情報が流れ始めている。実際問題として埋蔵量が少なくなれば価格が引き上がるので、資源が「枯渇」という状態に達することは現実味がないが、広い意味で資源不足に直面するとの予測に異を唱える人はあまりいないだろう。

　また、二酸化炭素等の温暖化ガスや各種汚染化学物質の問題等も、その大部分が地下資源の拡散という形で把握することができる。具体的対応策からみれば、

省エネ・省資源と同一の方向性だ。

よって今後の消費社会のあり方を考える際には、省資源・省エネルギーのための対応策について検討することが最重要課題となる。

II　解決策としての「節約」の限界

省エネ・省資源は、今や生産者にとっての死活問題にもなりうる重要な課題である。電力会社自体が節電を推進するCMを提供し、消費者レベルでも3Rなどの掛け声で省資源への取り組みが行われている。社会全体として、省エネ・省資源への取り組みが非常に活発になっていることは確かだ。

しかし、そこには白々しさとも表現できる矛盾に満ちた雰囲気が漂っていることも否定できない。2008年秋以降の世界的大不況によって日本経済も大打撃を受けてきたが、現在多くの国民が一番に望むのは経済対策である。経済の落ち込みを如実に表すのが「モノが売れない」という経済の側面であり、所得低下や雇用不安に直結する。省エネ・省資源は重要だが、雇用不安の状況に陥れば、モノが売れるように国をあげて取り組むことが共通の目標となる。

自由経済社会においてはモノが売れなければ人々が困る。モノがよく売れると、資源・エネルギーを多く消費する。まさにトレード・オフの関係にあるかのように思われる。よって、省エネ・省資源と経済活性を両立する方策を見いだすことが、今後の地球環境問題の解決策になると考えることも可能であろう。そして、その解は「節約」ではない。

では省エネ・省資源と経済を両立するにはどうすればよいのだろうか。つまり、資源・エネルギーの消費を少なくして、金回りはよくなるという社会を作り出す方法はどのようなものであろうか。

現在、経済的悪環境の中、衣料品などの分野では低価格戦略が取り入れられている場合もあるが、これは国内経済全体として、また地球レベルでの環境影響の面でも決して好ましいことではない。生産拠点を開発途上国に移し、人件費や設備費等を抑えて低価格の大量販売体制を築く戦略は、一時的には一部関係者の利益を増しても、価格競争で淘汰される者を増大させて業界全体の活力を奪い、社会全体の活力低下に結びつく。そして低価格業者自身も将来的には行き詰まる。

低価格戦略は顧客数を集中させることが前提条件であるため、経済停滞時の低価格戦略は特に社会的打撃が大きい。地球レベルでも省資源・省エネルギーと逆行することになる。

そうかといって、単純に商品の価格が上がることも望まれない。単なるインフレ状態では生活の質が低下するのみで、何の解決策にも繋がらない。消費者の満足度や生活の質を下げず、経済が停滞しないように、モノ・エネルギーの物流を少なくしなければならない。

この問題解決のためには、より良いものを高価格で少なく購入する消費が求められる。長持ちするやや高額なものを購入し、メンテナンスに対しても積極的に出費することが求められる。生産者は新品販売を縮小し、メンテナンス業に軸足を移していくことが求められる。

生産者は利益が得られるならば、新品販売重視であろうが、メンテナンス重視であろうが適応可能だろう。社会的に重要な雇用の側面からはメンテナンス重視の企業経営が望ましい。

問題は消費者側にある。安価なものを求めるのは消費者の本能に近い反応である。これに対して、どのように社会的にコントロールするのか、または消費者自らがセルフ・コントロールできるようにするのかが課題となる。消費者の価値観が変化すれば、必然的に生産者の対応も変化する。

最も重要なのは、消費者が省エネ・省資源の推進と経済の両立を遂げるためには、単純な節約では逆効果であって、より良いものを高く購入し、メンテナンスに金銭を投入して長く使うことが望ましいということを認識し、それに沿ったライフスタイルを実践することである。

Ⅲ 新たな消費者運動の流れとして

ここでは消費者の価値観の変化について、米国のコンシューマリズムの発展過程と関連付けて考察してみることとする。

米国の消費者運動の歴史はコンシューマリズム第一の波〜第四の波として捉えることができる。変遷をまとめると、第一の波は生産者による消費者に対する犯罪行為を取り締まるなどの形で「生産者−消費者」の関係を認識する段階、第二

表 12-1 米国コンシューマリズムの波

コンシューマリズム第一の波 (1800年代末～1900年代初め)	大量生産―大量流通―大量消費の社会システムが定着し、売り手と買い手の距離が広がったため生じた構造的な消費者問題に対応するものである。例えば、誇大広告による郵便詐欺事件が発生したり、食肉工場での不衛生な側面が告発されたり、また食品・医薬品関連で添加物や表示をめぐって問題が表面化した。そこで、郵便詐欺規制法、連邦食肉検査法、純正食品・医薬品法などが制定された。
コンシューマリズム第二の波 (1920年代～1930年代)	自動車・家電品等の大量消費時代から大恐慌に入り、節約・買い物術習得が注目されるようになり、「自分のカネを最も有効に使う」という合理的精神に基づいて、商品テストや商品の格付けが確立された。消費者研究所、消費者同盟が設立され、コンシューマーレポート誌が発刊された。また行政関係でも消費者局が設置されるなどの動きがあった。
コンシューマリズム第三の波 (1960年代)	ラルフネーダーの「どんなスピードでも自動車は危険だ」に代表されるコンシューマリズムである。基本的には消費者対生産者の対立構図のもと、生産者の責任を明確にして消費者保護の意識を高めた。日本で消費者運動やコンシューマリズムといえば、このコンシューマリズム第三の波で確立されたものを指す場合が圧倒的に多い。
コンシューマリズム第四の波 (1970年代～1980年代)	コンシューマリズム第三の波で形成された過度の対立関係の反省より、三者合意 (Happy Triangle；消費者＋生産者＋行政) の必要性が認識された。特に、地球環境問題への対応に際して「消費者も加害者である」との認識に沿った方向でもある。

の波は「より良いものをより安く」の価値観の普及した段階、第三の波は「消費者は保護されるべき」との価値観が普及した段階、そして第四の波は「生産者－消費者－行政」の連携を考える段階として捉える事ができる。

　上記をより単純化すれば、消費者は第一段階で消費者であることを認識し、第二段階で「価格」を、第三段階で「安全」を認識することとなったといえる。

　日本の消費者の動向をみると、「価格」が重視される段階が長く続いてきたと捉えることができる。一部消費者団体等は安全性についての厳しい要求を生産者や行政に突き付け、社会全体としては非常に安全性の高い消費者環境が整ったが、多数の消費者は価格重視の価値観が支配的であったと考えられる。

　しかし近年、輸入食品の安全性問題などが注目されるようになり、価格に2倍以上の開きがあっても安全なものを購入したいとする消費者も珍しくなくなった。消費者の価値観が、本格的に価格から安全の段階に移行してきた兆候ではないだろうか。

　さて、地球環境のための消費とはどのようなものか。実は、その解を導くためのヒントは上記のコンシューマリズム第四の波に含まれている。地球環境対応型

の消費社会とは、生産者のみ、消費者のみ、また行政のみの単独での取り組みでは解決策は見えてこない。「生産者－消費者－行政」の連携により、あるべき消費社会を考えていかねばならない。そうかといって、「節約が大切」といった抽象的スローガンでは、生産者にダメージを与えて経済を悪化させ、消費者の雇用・収入を不安定化する要因になるばかりで実効性がない。どのような消費社会が今後求められるのか、そのためには消費者教育等を通して消費者の価値観をどう変えていくべきか、求められる産業構造変化に対応するために生産者に何が求められるのか、といった点について建前論から脱却したレベルでの実質的な論議が求められる。

Ⅳ　ファッション関連産業を例に

　ここでは具体例としてファッション産業を例に挙げて、地球環境に優しい経済について考察する。ファッションは省エネ・省資源と最も密接な関係を持つ産業である。途上国等での大量生産による廉価な衣類は、エネルギー・資源の大量消費型産業であり、一方でデザイナーブランド等の高級衣料は省エネ・省資源の最たる商品とみなせる。従来の「賢い消費者」からは、どちらかといえば「浪費」として見下される傾向もあった消費対象である。

　しかし地球環境の視点からは、同じ資源でより多くの価値が生まれる商品が望ましい。辻が花の高級和服など、資源あたりの金額たるや、計り知れないものとなる場合もある。熟練した人物が時間と手間をかけ、その技能と人的付加価値に対して対価を支払うという仕組みこそが、省エネ・省資源型の消費社会の典型である。

　生産者の多くも、価格を下げることばかりに集中せず、良質なものを作り出すことに熱意を見いだしたいと考えているに違いない。単なる物欲から脱却し、モノに詰め込まれた人の付加価値を尊重する社会が求められる。

　衣類管理分野についてはどうだろうか。従来からの賢い消費者は、デザインや品質に優れ、しかもコストパフォーマンスのよい商品を選択することができ、しかも自分自身で洗濯はもちろん、しみ抜きやリフォームなど、かなりの範囲の衣類管理を自身でカバーすることができる消費者のことを指してきた。しかし、こ

のような賢い消費者ばかりでは、衣類管理に関わる商売が成り立たなくなる。衣類のクリーニング業やリフォーム業等は、雇用確保の面から社会的に非常に重要な分野である。技術を高めて専門職としての社会的地位をもっと引き上げ、その道の熟練者については特権的要素を与えるような仕組みが求められる。

　家庭洗濯において重要な洗剤商品についても危惧するところがある。たとえば洗剤等は、出荷量を重量で表わす場合が多いが、これは正しいことだろうか。洗剤成分の環境影響や安全性についてはさまざまな論議があるが、基本的には「使いすぎは良くない」という結論で生産者も消費者も一致しているように思われる。実際、洗剤類は使い過ぎは好ましくなく、使用量の削減が望ましいと考えられている。生産量や販売量は減少することが良いことだとみなされるのである。

　ところが、生産者側から見れば、出荷重量の減少は最も避けたい状況の一つである。原料から製品に至る密接なつながりの中では、出荷商品の重量が少なくなることは当該産業を衰退を意味すると考えられるからである。つまり、社会的に望まれる流れと業界の本音の間には断絶がある。

　本来、環境時代に望まれるのは、より少量で同等以上の効果を発揮する洗剤がより高価に販売されることである。表面的には洗剤の使用量の削減が社会的に求められているが、研究開発によって使用量を削減できても、直接的には企業利益には結びつきにくい。パッケージが小さくなれば、単純には「安くなって当たり前」と感じるのが消費者心理である。企業努力で節約に貢献しても、収入が減るのであれば企業にとっては耐えがたい。重量単位の価格設定がなされているなら、洗剤の使用量削減に本気で取り組む生産者が現れることを期待することはできないのである。

　現在の資源・エネルギーに関連する消費者価格は安すぎると筆者は感じる。洗剤のように、価格競争が激しい商品は尚更である。単価が抑えられれば数量で稼ぐしかないので環境問題解決にとっての障害となる。環境配慮ということを念頭に置くなら、洗剤による環境影響等も含めた商品コストが反映される価格設定が望まれる。しかも、少量で効果の認められる商品が、より高額な対価に見合う優れた商品だとみなされる消費者風土が求められる。

　生産者は流通量減少・単価上昇に対して、直接的に反対するとは考えられない。心配されるのは価格上昇による消費者離れ、および販売不振による利益低下

である。

V　新たな環境教育・消費者教育の必要性

　上記のように、地球環境問題に対応する社会構築に向かうためには、市民・消費者の価値観が変わっていかねばならない。従来の感覚からすれば損だと感じる買い物であっても、地球環境のためにはそちらを選択すべきだとする価値観の共有が求められる。

　しかし、そのような価値観の転換を推し進めるというのは並大抵のことではない。かなり強力な推進力がなければならない。消費者の価値観は「価格」→「安全」→「地球」とのパターンで進化していくと考えられるが、「地球」は多くの場合「価格」と相反する方向性であり、「安全」とも対立関係になることが多い。消費者の損得は、基本的には消費者個人の損得であって、金銭的な面で損と得は明確に理解できる。従来の価値観からすれば、自身に直接影響のない目的を果たすために価格が上がるとすれば、それは損な買い物となる。

　地球環境への影響とは目に見えるものでもなく、また本来は各個人の商品の選択時に各個人の判断に任せるような性質のものでもない。価格や安全性のように、市民・消費者個人の利害関係には直接的には結び付かない、まったく新たな価値観対象である。よって、一般市民・消費者が地球環境問題を意識した消費行動をとるためには、非常に大きなハードルが立ちはだかる。

　この問題解決のために、新たな環境教育や消費者教育が求められることになる。従来の消費者教育は、消費者保護の理念を理解し、行動する消費者を育成することが主目的であるとして捉えられてきたが、今後は別次元の消費者教育が求められる。「社会」の存在を認識し、消費者個人と社会との関わりを理解し、そ

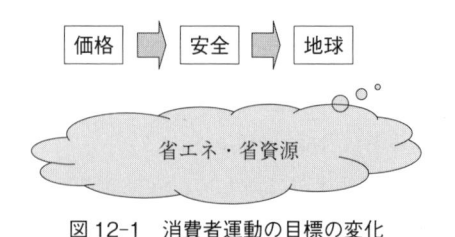

［価格］⇨［安全］⇨［地球］

省エネ・省資源

図12-1　消費者運動の目標の変化

して社会を守るための行動が必要だと認識するための消費者教育である。そして、それは環境教育の中でも積極的に取り扱われねばならない。

　筆者もこのような観点から洗剤等の商品の環境問題や安全問題をテーマに消費者コミュニケーション等に取り組んできた。消費者運動に関わる者は石けんを推進することが正義だとされてきた時代が長く続いてきたが、今後の地球環境問題対応のためには別の視点が必要になる。そこで、従来は悪者視されてきた合成洗剤の見直しが行われるようになった。省エネ・省資源の観点からは、合成洗剤はかなりの優等生であるからだ。そこで筆者は過度に否定的に捉えられてきた合成洗剤有害論に対して、その非科学性を説き、そしてLCAやリスクアセスメントなどの新手法を紹介するなどの活動を続けてきた。しかし、本来思い描いてきた、地球次元での「省エネ・省資源」の重要性とリンクさせての活動には至らなかったように思う。

　そこで感じたのは、地球環境問題に対応する消費社会のためには、科学的に消費の在り方を考えるための新たな消費者教育の土台が必要だということである。消費者が地球対応型の消費生活の必要性を論理的に理解するにはどうしたら良いのか、それを個人的・組織的行動と結びつけるにはどうしたら良いのかということを意識して、消費者の学習を援助するための理論と実践例の蓄積が求められる。この新しい消費者教育理念のもと、洗剤や衣類のあるべき姿、リフォームやクリーニングの在り方を考え、伝えていく教育活動、およびそれらの教育活動からフィードバックして新たな消費社会のあるべき姿を明確にしていく活動が求められる。

　「モノ」の流通の絶対量は少なくなるが、「金銭」は適度に流れ、消費者が個人的に「幸福」に感じる消費社会はどうあるべきか、そこで最大の問題になるであろう消費者の価値観転換のために消費者教育等でどのように対応できるだろうかということを、消費者－生産者－行政の相互の立場をバランスさせた総合的な観点から考察していくことが、地球環境に対応するための最重要課題であり、そこで求められるのが本書で示した環境情報学なのだと筆者は考える。

おわりに

　本書の原型である『消費者の環境情報学』が発行されたのが 2006 年でありそれから 7 年が経過した。当時、地球環境問題に対する注目度はまだまだ高く、2016 年までの 10 年間でますますその重要度が高まって世界中での取り組みが進展していくものと予想していた。しかし、現実には 2013 年初めの現時点で、世界中で経済不況の影響を受けて、地球環境問題への対応は後回しにされつつあるという状況が見えてきた。地球レベルの環境に関心を抱いて何らかの取り組みを行っている者、または今後何らかの形で取り組んでいきたいと願っている者にとって、この流れは非常に残念に感じることであろう。

　しかし、冷静に捉えたならば、今回の経済不況に関連した世界情勢は、単なる「節約」が地球環境対応策の決定打には成り得ないことを教えてくれたものと理解できる。今後は若者世代を中心として、実効性のある地球環境対応策を構築していかねばならないが、そこで役立つだろうと考えられる情報処理と思考に関する方法論を提示するのが本書の目的である。市民・消費者として複雑化・深刻化する環境問題にどのように対応すればよいのか、特に関連情報をどのように収集・整理・理解し、発信していくのかという具体的な情報処理に関する方法論と、環境対応策についてのさまざまな思考方法を提示してきた。

　環境情報の収集・整理、そして発信の一般的手順については、環境情報学の教科書的な内容としてまとめられたのではないかと思うが、情報発信の注意点については、実際のトラブルを想定して、法律関係や人間関係に至るまで、やや深いところまで言及した部分もある。社会的な論争に関わってきた経験を有する一人の先輩からの助言として、情報発信を目指す際には是非参考にしていただきたい部分である。

　また環境問題の思考に関しては、筆者の個性的な思考方法の一部を紹介する部分が多いので、その部分を教科書的に正しい内容として受け止めて頂くのは好ましくないと思う。第 11 章で紹介した新思考ツールや第 12 章で取り上げたサステイナブルな社会を構築するための課題に関しては、ある一人の研究者の個人的な考え方・意見として捉えて頂き、多面的に物事を捉えるための工夫を考える際

の一つの参考例として捉えて頂きたい。新思考ツールは環境情報関連だけではなく、日常の人間関係の問題等を考える際にも役立つこともあるであろうが、これらの思考方法をそのまま受け入れるのではなく、むしろ読者がそれぞれのオリジナルな思考パターンを組み立てていく際の参考としていただければ有難い。筆者だけでなく、各所で「思考」の重要性が認識されつつあるが、本書もまた環境を題材とした思考教育の一助となれば幸いである。

　最後に本書発行をお引き受け頂くとともに校正等に素早く丁寧にご対応頂いた株式会社大学教育出版の佐藤守氏と安田愛氏に心よりお礼を申し上げる。

　2013 年 3 月

　　　　　　　　　　　　　　　　　　　　　　　　　　　　大矢　勝

参考文献

【全体をとおして】
　大矢勝、消費者の環境情報学、大学教育出版（2006）
【第 1 章】
　http://www.ico.gov.uk/upload/documents/library/environmental_info_reg/introductory/eirwhatisenvironmentalinformation.pdf
　中西準子、水の環境戦略、岩波書店（1994）
　中西準子、環境リスク論、岩波書店（1995）
　梅棹忠夫、情報の家政学、ドメス出版（1989）
　梅棹忠夫、情報の家政学、中央公論新社（2000）
【第 2 章】
　環境省編、平成 13 年版環境白書、ぎょうせい（2001）
【第 3 章】
　環境省、環境白書（平成 16 年～ 24 年版）
　ワールドウォッチ研究所、地球白書（2006-07 年版～ 2011-12 年版）
【第 4 章】
　皆川基、藤井冨美子、大矢勝編著、洗剤・洗浄百科事典、朝倉書店（2003）pp.848-849.
　寶金悠子、大矢勝、合成洗剤問題に関連する消費者情報の分析（第 3 報）― 一般環境書籍、水環境書籍の分析、繊維製品消費科学、44 巻、4 号（2003）pp.213-222.
【第 5 章】
　竹原和彦、アトピービジネス、文藝春秋（2000）
　高橋久仁子、「食べもの情報」ウソ・ホント、講談社（1998）
　大矢勝、安全性・環境問題に関する消費者情報の課題― 2.5 次情報中の誤情報に対応するために ―、日本家政学会誌、61 巻、8 号（2010）pp.511-516.
　大矢勝、合成洗剤と環境問題 ― 地球環境時代の消費者教育の指針として ―、大学教育出版（2000）
　大矢勝、石鹸安全信仰の幻、文藝春秋（2002）
【第 11 章】
　中根千枝、タテ社会の人間関係、講談社（1967）
【第 12 章】
　大矢勝、シリーズ「近未来の生活と消費科学」2. 地球にやさしい生活、繊維製品消費科学、51 巻、3 号（2010）pp.217-221.
　今井光映、中原秀樹編、消費者教育論、有斐閣（1994）p72-75
　今井光映、アメリカ家政学現代史（Ⅱ）― コンシューマリズム論～ホリズム論 ―、光生館（1995）pp.2-3.
　宮坂広作、消費者教育読本シリーズNo.2、消費者教育の現代的課題、たいせい（1995）

■著者紹介

大矢　勝（おおや　まさる）

所属：横浜国立大学大学院環境情報研究院　教授
専門分野：洗浄科学、環境情報学
担当授業：地球環境と情報、界面化学、無機化学、生活者のための環境リスク情報の評価（大学院）、生活環境リスク情報発信論（大学院）など

主な著作
『合成洗剤と環境問題』大学教育出版（2000）単著
『石鹸安全信仰の幻』文藝春秋（2002）単著
『洗剤・洗浄百科事典』朝倉書店（2003）共編著
『消費者の環境情報学』大学教育出版（2006）単著
『環境教育 ── 基礎と実践 ──』共立出版（2007）共編著
『地球にやさしい 石けん・洗剤ものしり事典』ソフトバンククリエイティブ（2008）単著
『図解入門よくわかる洗浄・洗剤の基本と仕組み』秀和システム（2011）単著

環境情報学
── 地球環境時代の情報リテラシー ──

2013 年 5 月 10 日　初版第 1 刷発行

■著　者──大矢　勝
■発行者──佐藤　守
■発行所──株式会社 大学教育出版
　　　　　〒700-0953　岡山市南区西市 855-4
　　　　　電話(086)244-1268㈹　FAX(086)246-0294
■印刷製本──モリモト印刷㈱
■Ｄ Ｔ Ｐ──北村雅子

© Masaru Oya 2013, Printed in Japan
検印省略　　落丁・乱丁本はお取り替えいたします。
本書のコピー・スキャン・デジタル化等の無断複製は著作権法上での例外を除き禁じられています。本書を代行業者等の第三者に依頼してスキャンやデジタル化することは、たとえ個人や家庭内での利用でも著作権法違反です。

ISBN978-4-86429-216-0